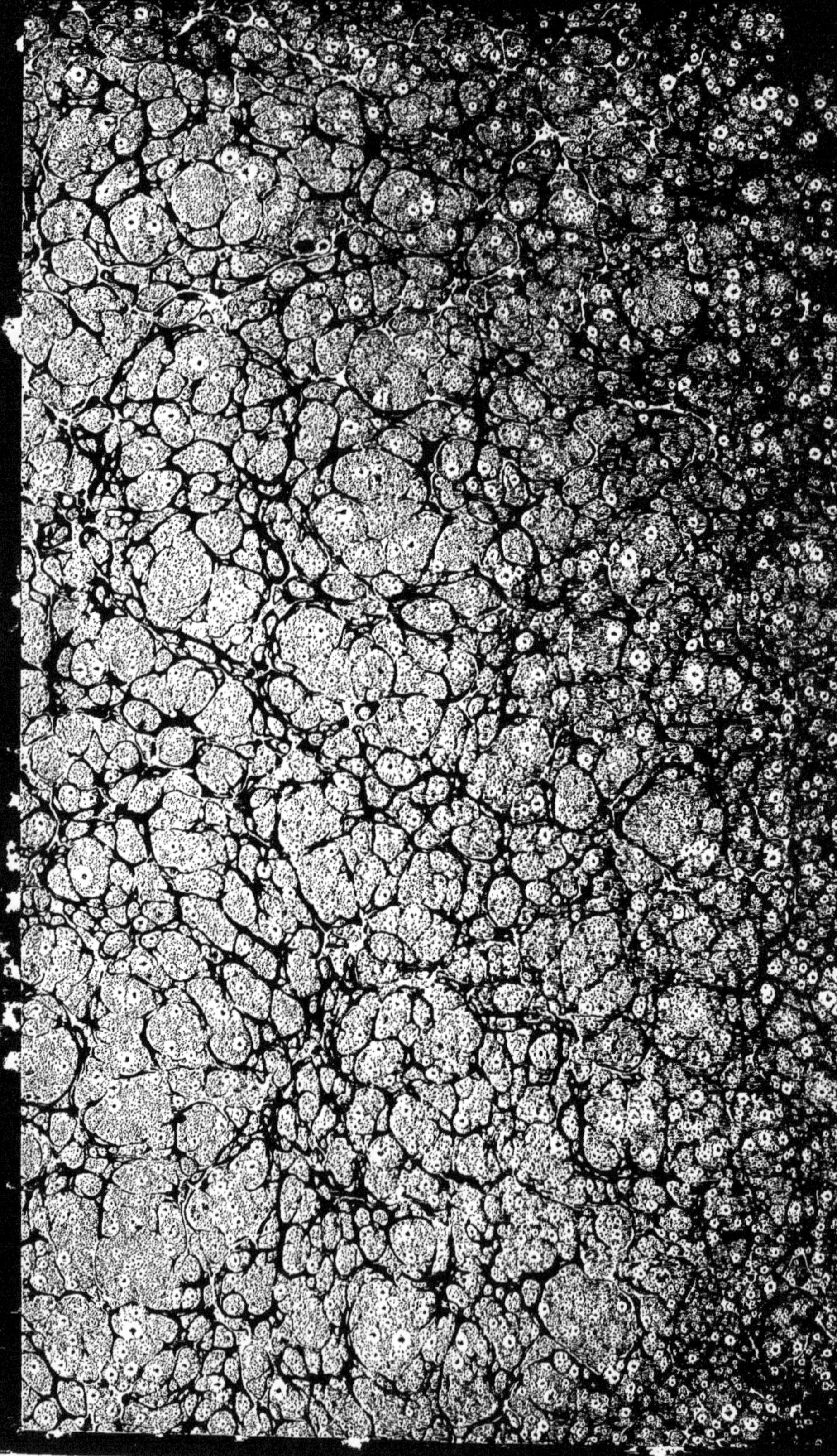

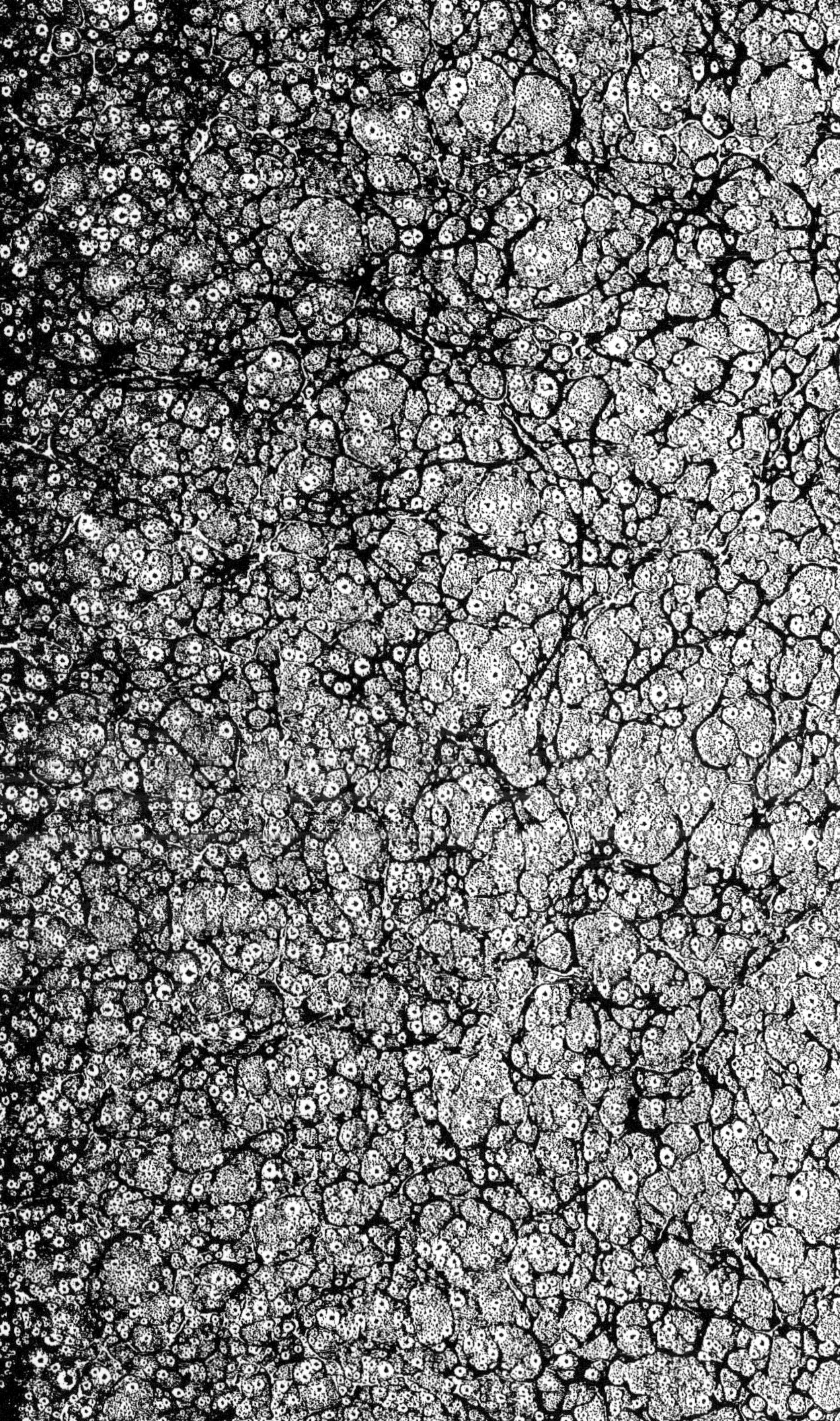

LETTRE A UN DÉPUTÉ.

Paris. — Imprimerie d'Ad. BLONDEAU, rue Rameau, 7.

LETTRE

A UN DÉPUTÉ,

SUR

LE NOUVEAU SYSTÈME DE TRAVAUX PUBLICS

ADOPTÉ PAR LE GOUVERNEMENT

POUR LA CONSTRUCTION DES GRANDES LIGNES DE CHEMINS DE FER.

PAR M. François BARTHOLONY.

Paris.

CARILLIAN-GOEURY, Libraire,
QUAI DES AUGUSTINS, 41.

MATHIAS, Libraire-Éditeur,
QUAI MALAQUAIS, 15.

AD. BLONDEAU, IMPRIMEUR, RUE RAMEAU, 7.

1842.

TABLE DES MATIÈRES.

(1) C'est par erreur qu'on a classé sous le numéro 5 le *Précis analytique du meilleur système;* dans l'ordre logique des idées de l'auteur, il doit être lu le premier, et l'on est prié de le considérer comme portant le numéro 1.

(*Idem.*) page 55, renvoi aux *notes et documents*, page 80, *lisez* : page 112.

— — 94, au lieu de *cause prévoyante*, lisez : clause prévoyante.

ij

SOMMAIRE.

Une distance immense sépare les dépenses productives des dépenses
improductives. — On ne doit pas s'effrayer des dépenses qu'exigent
les travaux publics bien entendus ; ils rapportent plus qu'ils ne coûtent. — Ce sont des placements avantageux plutôt que des dépenses
proprement dites. — Jusqu'ici, on a pourvu avec bien plus de facilité et d'entraînement aux dépenses de la guerre qu'aux travaux de
la paix. — Utilité d'abandonner ce faux point de vue de l'honneur
national.

Il faut faire exécuter les chemins de fer de préférence par l'industrie
privée, aidée au besoin du crédit de l'État, et, à défaut, par l'administration publique. — Pour que l'industrie retrouve des forces et
acquière la puissance d'accomplir de grandes entreprises, l'on ne
saurait lui prodiguer trop d'encouragements : à plus forte raison, il
faut achever de la débarrasser des entraves qui gênent encore son
essor ; propositions à ce sujet. — On ne peut pas espérer que, de
quelques années encore, l'industrie privée puisse entreprendre les
grandes lignes projetées. — Si, à son défaut, l'État devrait, sans hésitation, les exécuter à plus forte raison y a-t-il lieu d'applaudir au système mixte proposé par le gouvernement. — Motifs à l'appui de cette
assertion et quelques idées sur les moyens d'arriver à l'exécution la
plus prompte et la plus économique de la viabilité perfectionnée
du territoire.

LETTRE

A UN DÉPUTÉ,

SUR

LE NOUVEAU SYSTÈME DE TRAVAUX PUBLICS

ADOPTÉ PAR LE GOUVERNEMENT,

PAR M. François BARTHOLONY.

Monsieur,

La confiance que vous m'avez toujours témoignée m'impose l'obligation de répondre, avec quelques développements, à la demande que vous me faites de vous faire connaître mon opinion sur les projets de travaux publics qu'on sait devoir se produire incessamment devant les Chambres.

Je le ferai d'autant plus volontiers, que ces projets sont d'une importance inaccoutumée et que je vous sais du nombre des députés les plus timorés à l'endroit des dépenses publiques. Puissé-je faire passer dans votre esprit la conviction dont je suis profondément pénétré! c'est qu'autant l'on sert son pays en s'opposant à des dépenses improductives, comme les fortifications de Paris, par exemple, autant c'est le desservir que d'envelopper dans la même opposition les dépenses dont le résultat naturel doit être le développement de la prospérité publique et les progrès de la civilisation.

Pour bien éclairer la route, trop longue peut-être, que je suis obligé de vous faire parcourir pour vous exposer tout entière mon opinion sur la question des travaux publics, à l'ordre du jour depuis bientôt huit années, permettez-moi d'abord de vous citer quelques fragments d'anciennes publications tombées aujourd'hui, avec tant d'autres, dans le gouffre de l'oubli. Car, si les principes que j'ai posés à cette occasion, à une époque où les idées en fait de travaux publics étaient encore peu arrêtées, n'ont plus, comme alors, le mérite de la nouveauté, ils ont conservé celui plus précieux de la *vérité* qui, elle, ne vieillit pas : cela m'enhardit à penser qu'ils peuvent être reproduits avec quelque utilité. Ces principes seront d'ailleurs une excellente introduction pour entrer en matière sur les faits nouveaux en discussion. Ils établiront d'une manière incontestable le progrès qui, par la force des choses, s'opère de jour en jour, dans les vues de l'administration, et nous serons amenés à reconnaître qu'enfin nous sommes arrivés à cet heureux moment *« de la conclusion « de la paix entre l'administration des ponts-et-chaussées « et l'industrie privée. »* Paix invoquée depuis longtemps par tous les amis du pays, à laquelle j'ai consacré mes faibles efforts et qui, moyennant les encouragements qu'on dit vouloir accorder, désormais, libéralement à l'industrie, nous promet dans un avenir peu éloigné la jouissance de ces magnifiques créations appelées grandes lignes de chemin de fer.

Voici le principal de ces fragments ; dans le moment actuel, il a tout l'à-propos d'une publication nouvelle:

Appendice au meilleur système à adopter pour l'exécutio des travaux publics (1).

CONSIDÉRATIONS GÉNÉRALES.

« Dans diverses publications , notamment en 1835 et en 1838, nous avons cherché à démontrer (et cela n'était pas difficile) que le gouvernement a un immense intérêt à créer, protéger et développer le plus possible l'esprit d'association, cause de tant de merveilles dans d'autres pays, tandis qu'il est resté en germe parmi nous.

« Plein de cette conviction, nous avons recherché de bonne foi, et nous avons ensuite essayé de faire prévaloir dans les esprits le moyen de donner à l'association, appliquée aux travaux et aux arts de la paix, une base solide, qui assure sans danger son rapide développement. Ce moyen, C'EST L'APPUI DU CRÉDIT DE L'ÉTAT.

(1) Chez Carillian-Gœury. 1839.

Après avoir démontré, au moins nous le croyons, tous les avantages qu'il offre sur tous les autres moyens d'encouragements des grands travaux publics, nous avons sollicité son application pour toutes les entreprises d'une utilité généralement reconnue ; en un mot, nous avons demandé la fondation d'un nouveau crédit : la création des effets publics de la paix, et nous avons dit que cet exemple de la France, offert à l'Europe entière, deviendrait peut-être le plus puissant obstacle aux troubles intérieurs et aux guerres étrangères. Nous persistons dans notre opinion.

« En ce qui touche les grands travaux de viabilité de la France, nous avons cherché à prouver que, pour les exécuter dans le plus bref délai, il fallait employer, *sans exception*, tous les moyens dont le pays dispose, à savoir :

« 1° L'industrie privée livrée à elle-même, pour tous les travaux qui ne sont pas au-dessus de sa portée ;

« 2° L'industrie privée aidée du crédit de l'État, au moyen de la garantie d'un minimum de revenu, pour les travaux d'une grande importance, offrant des chances de bénéfice suffisantes pour engager l'industrie à les entreprendre ;

« 3° Enfin l'État exécutant lui-même tous les grands travaux d'utilité générale qui ne pourraient être exécutés que par lui, faute de compagnies pour les entre-

— 5 —

prendre, même avec l'appui de la garantie d'un minimum de revenu (1).

« Puis, notre conclusion était qu'une alliance franche et sincère entre l'État et l'industrie aurait les résultats les plus satisfaisants pour le pays.

« Nous avons cherché à prouver encore, et nous espérons y avoir réussi, que, moyennant des tarifs rémunérateurs, à la faveur d'une émulation salutaire et de l'expérience acquise par ces divers modes d'opérer, les travaux s'exécuteraient aussi vite et aussi économiquement que possible, et qu'en définitive, le public ne serait pas seul favorisé par la construction de ces ouvrages si désirés, car le Trésor lui-même recueillerait, de mille manières, bien au delà de l'équivalent des sacrifices apparents qu'il aurait été obligé de faire.

« En effet, il y a une différence immense, il y a un abîme entre les dépenses productives et les dépenses improductives, entre les dépenses de la guerre et les dépenses de la paix : c'est ce que ne considèrent pas assez les personnes qui s'effraient des sommes consi-

(1) Nous parlons toujours de la garantie, par l'État, d'un minimum de revenu, parce que, à notre point de vue, c'est le mode de subvention le plus puissant, le plus moral et surtout le moins onéreux au Trésor ; mais ce qu'il faut entendre pour bien saisir notre pensée, c'est que l'État doit entreprendre lui-même les travaux dont l'intérêt général exige l'exécution, lorsqu'aucun mode de concours raisonnable, offert à l'industrie privée, n'a pu la déterminer à les entreprendre elle-même. Ceci soit dit une fois pour toutes.

(Note de l'auteur de la Lettre, décembre 1841.)

dérables, il est vrai, réclamées par les travaux publics.

« Car les dépenses de la guerre se font souvent en pays étrangers, toujours pour détruire, jamais pour édifier; et les capitaux, une fois consommés, le sont sans aucune compensation, sans retour possible, si ce n'est une vaine gloire appréciée à sa juste valeur aujourd'hui, quand la guerre n'a pas pour cause la défense des foyers ou la protection du faible contre l'abus de la force. Les dépenses de la paix, au contraire, fournissent du pain à une multitude toujours croissante, à qui le travail est nécessaire pour vivre; or, chacun sait que, par l'impôt, le Trésor prélevant une grosse part sur les dépenses de cette multitude, il repompe ainsi une portion de ce qu'il dépense; puis, le pays se couvrant d'ouvrages utiles, canaux, routes, chemins de fer, la prospérité publique s'accroît progressivement, et avec elle les recettes du Trésor. Enfin, les nouvelles voies, quoique soumises à des tarifs, étant des voies perfectionnées, sont pour le public, indépendamment de tous les avantages qu'elles lui offrent, des voies plus que gratuites, s'il est permis de s'exprimer ainsi, puisque, péage et transport compris, la dépense est de beaucoup inférieure aux frais actuels sur les routes livrées sans péage à la circulation.

« Et cependant les tarifs suffisent pour créer les routes nouvelles et les entretenir, et pour rembourser en principal et intérêts les capitaux employés. De telle sorte qu'il n'y a à la création de ces nouvelles voies (on ne saurait trop le répéter), que des avantages pour tout le monde et des avantages de toute nature. Les dépenses qu'elles entraînent ne peuvent être mieux comparées qu'à celles que fait un propriétaire intelligent pour améliorer sa propriété et la rendre susceptible d'un plus grand produit. »

« C'est qu'employer utilement les capitaux, ce n'est pas réellement les dépenser. Un capital qui, dans l'état actuel des choses, rapporte 10 pour cent, est un capital plus que doublé et non pas un capital dépensé; et cela sans tenir aucun compte des avantages de tous genres, et de l'influence considérable sur la prospérité publique que de grands travaux exercent dans le pays, lorsque ces travaux sont conçus avec l'intelligence des besoins et conduits avec l'activité et l'économie qu'on doit attendre de l'industrie privée.

« Il est donc vrai de dire que les immenses capitaux réclamés par les travaux publics, exécutés par des compagnies, ou, à leur défaut, par l'État, *s'ils sont sagement employés* (c'est la seule chose à considérer), ne seront pas dépensés, dans l'acception attachée ordinairement à ce mot, c'est-à-dire consommés, perdus; mais qu'au contraire, en ne tenant compte que de l'intérêt particulier, sans faire mention des services généraux qu'ils rendront, des capitaux ainsi dépensés, loin d'être perdus, seront très productifs. Dans cette grave question, presque tout dépend des tarifs rémunérateurs que, par une inconcevable erreur, l'administration aurait voulu détruire!

« Il ne faut donc pas s'effrayer des sommes impor-
tantes que l'État ou des compagnies pourraient être
dans le cas de consacrer à des travaux publics sagement
conçus, bien et économiquement exécutés, et appuyés de
bons tarifs ; ni des garanties (uniquement morales dans
la plupart des cas) que l'État pourrait accorder aux
compagnies qui viendraient l'aider dans l'exécution
de l'admirable plan de viabilité générale du territoire,
conçu et étudié par les ingénieurs des ponts-et-chaussées dans les vues d'ensemble et d'unité qui convien-
nent à un gouvernement.

« Pour soutenir les guerres de la révolution et de
l'Empire, l'Angleterre a contracté une dette de plus
de 16 milliards ; la France a dévoré, pour le même
objet, des capitaux énormes qui sont à jamais perdus.
Qui pourrait dire ce que ces sommes effrayantes auraient produit de bien pour l'humanité, si elles avaient
été employées à féconder le sol qu'elles n'ont abreuvé
que de sang et de larmes !.... L'imagination elle-
même est impuissante à s'en faire une juste idée.

« Eh bien ! ces immenses ressources, englouties
sans retour et sans fruit, si les mêmes circonstances
se représentaient, si, à tort ou à raison, on croyait
l'honneur national engagé, on les consacrerait de nouveau et sans hésitation au dieu de la guerre ; et quand
il s'agit d'une gloire pacifique, mais bien préférable
selon nous, celle de contribuer puissamment au bonheur public, de donner un exemple qui aurait une
influence sur l'Europe entière ; lorsqu'il s'agit enfin de

se placer à la tête de la civilisation, non plus par des
paroles, mais par des faits, on hésite, on perd des
années en discussions oiseuses, en méfiance, on cède
lâchement à des terreurs vraies ou fausses sur les charges financières qu'on craint d'imposer au pays!... Quoi!
vous votez des millions par centaines, si l'on vous
parle d'une expédition guerrière, et lorsqu'il est question de travaux utiles, qui garantiraient la continuation de la paix générale et une meilleure mise en valeur
de notre sol, vous reculez épouvantés devant des dépenses insignifiantes comparées à celles de la guerre,
et qui, d'ailleurs, ne l'oubliez donc pas, sont essentiellement reproductives! Non, nous ne saurions trop
le répéter, envisagées sous ce point de vue, les sommes
votées pour des travaux publics bien entendus ne sont
pas ce qu'on peut appeler des dépenses dans le sens
abstrait du mot, mais constituent au contraire pour
l'État le placement de fonds le plus avantageux.

« Nous avons démontré que, dans le système de la
garantie d'intérêt, en mettant les choses au pire, des
travaux utiles, désirés, attendus par le pays tout entier et qui absorberaient un capital de 2 milliards,
entraîneraient le Trésor à des débours équivalant au
paiement temporaire d'une annuité immédiate de 12
à 15 millions; c'est devant une somme aussi modique
pour un pays comme la France, et lorsque le Trésor
recouvrerait, par une conséquence de ces mêmes travaux, au moyen de l'impôt, des sommes bien autre-

ment considérables (1); c'est devant une pareille
éventualité qu'on a reculé, et c'est par une considération d'un si faible poids qu'on a repoussé un système
contre lequel on n'élevait aucune objection sérieuse ,
et qui est appelé à produire , nous ne disons pas en
France seulement, mais dans tous les pays où le crédit public est connu et apprécié , des résultats immenses ; car le crédit public est un puissant levier. Il
n'a jamais été appliqué aux travaux et aux arts de la
paix, et nul ne saurait dire les merveilles qui pourraient résulter du nouvel usage que nous proposons
d'en faire.

« La guerre qui s'est ouverte entre l'administration
et l'industrie privée, au sujet de l'exécution des travaux
publics, est une guerre impie ; elle ne peut avoir pour
cause qu'un malentendu ou d'injustes préventions : il

(1) En effet, peut-on calculer ce que ces travaux, exécutés sur
toute la surface de la France, produiraient de bien réel ; quelle vie
ils donneraient au commerce, à l'industrie et à l'agriculture , non-
seulement par leurs résultats après l'achèvement , mais encore par
le seul fait de leur exécution?

Sans contredit, le surcroit de consommation résultant de l'aisance
que la main-d'œuvre, seule, répandrait déjà dans la classe ouvrière ;
la prospérité qu'amènerait ensuite, dans toutes les classes de la société, l'usage de ces nouveaux ouvrages d'utilité publique; l'augmentation de la valeur des propriétés foncières; la réduction des
frais d'entretien des routes royales ; en un mot, une multitude d'économies impossibles aujourd'hui, et une foule de contributions étrangères aux recettes actuelles du Trésor , lui feraient récupérer bien
au delà des sacrifices qu'il lui eût fallu, peut-être, s'imposer momentanément. Cela ne peut plus être contesté aujourd'hui.

faut que cet état de choses pernicieux et à jamais déplorable cesse au plus tôt; que l'avenir de la France,
en fait de travaux publics , ne soit plus compromis
par l'esprit de corps des ponts-et-chaussées; il faut que
l'administration ne voie que le bien du pays seulement. Or , *le bien du pays est dans l'exécution la plus
prompte et la plus économique des travaux projetés*, N'IM-
PORTE LE MODE D'EXÉCUTION. Que tous les moyens qui
peuvent nous en faire jouir plus promptement soient
donc mis en œuvre; et s'il est démontré, par ce qui
s'est passé ailleurs, que l'industrie privée peut devenir
un puissant auxiliaire de l'Etat dans l'exécution de
ses plans, que l'alliance , qu'une franche et sincère
association du gouvernement et des compagnies, soient
scellées par l'adoption du système que nous lui avons
proposé, système fécond qui n'a été repoussé que parce
qu'il allait trop directement au but, que , jusqu'ici ,
l'administration des ponts–et–chaussées a toujours
cherché à éloigner (1).

« Nous allons reprendre, une à une , les diverses

(1) Dans les réformes proposées pour faciliter les rapports de
l'industrie avec l'administration, il nous semblerait bien important
de scinder la direction des ponts-et-chaussées en deux grandes
divisions : celle actuelle, à laquelle M. le directeur-général est sans
doute plus propre que personne , et une nouvelle , à laquelle serait
renvoyé tout ce qui concernerait l'industrie privée, et qui aurait à
sa tête un administrateur, non-seulement éclairé, *mais surtout partisan sincère de la coopération de l'industrie dans les travaux publics.*

On ne peut se dissimuler que l'absence de toute sympathie pour
l'industrie privée ne soit le côté faible de l'administration.

(Note de 1839.)

propositions que, dans un esprit de justice et de conciliation, nous avions faites avec la profonde conviction qu'un tel système amènerait le plus beau développement des travaux publics en France. Bien d'autres ont pensé avec nous que son adoption, franche et sincère, faisant de l'industrie privée et de l'État des associés se prêtant un mutuel appui, et réunissant en un faisceau des forces jusqu'ici contraires, serait un bienfait pour le pays ; enfin, que l'adoption de ce système aurait une influence heureuse et générale qui ne s'arrêterait pas à nos frontières , si l'exemple de la France et les grands résultats qu'elle ne tarderait pas à en recueillir engageaient les autres Etats du continent à entrer dans cette grande voie de paix et d'améliorations.

« Heureux donc les hommes qui, chargés de présider aux destinées des peuples , sauront attacher leur nom à la fondation d'un nouveau crédit public si fécond en bienfaits ! »

Extrait de l'Appendice au meilleur système (1839).

Vous le voyez , Monsieur, dans les considérations générales que j'ai cru devoir rappeler, je m'élevais, avec la force et l'énergie qu'on puise dans une profonde conviction, contre cette fâcheuse disposition des Chambres à consentir d'enthousiasme aux dépenses guerrières, quelque considérables qu'elles puissent être, dès qu'on éveille en elles un soupçon politique, tandis qu'elles reculent devant de bien moindres efforts pour accomplir de grands travaux pacifiques intérieurs.

Comme si la susceptibilité nationale avait encore quelque chose à demander à la gloire des armes, ou si, en fait de travaux publics, la France n'avait rien à envier à ses voisins ! comme si, enfin il n'y avait pas de la gloire, et une gloire véritable, dans des créations pacifiques, il est vrai, mais qui, empreintes d'un caractère de grandeur et d'utilité, honorent une nation et sont pour elle de véritables conquêtes !.....

Cependant une année était à peine écoulée, que les événements venaient donner une triste sanction à mes assertions. La question d'Orient, mal posée et par cela seul mal résolue, amenait des dépenses énormes, acceptées avec une facilité incroyable ; et une faute diplomatique nous coûtait un magnifique réseau de chemins de fer !

Cette faute, et les dépenses qui en ont été la conséquence, doivent-elles nous faire abandonner ou au moins différer les améliorations intérieures projetées ? Eh ! non, mille fois non. Au contraire, les sacrifices faits à la politique guerrière seraient un motif de plus, s'il était nécessaire, pour nous élever avec force, aujourd'hui comme alors, contre les fausses idées d'une économie mal entendue qui, sous le vain prétexte d'empêcher des dépenses, tarit les revenus de l'État, et met comme un frein au développement de la prospérité publique et aux progrès de la civilisation.

Enfin, vous l'avez sans doute remarqué dans le chapitre cité, tout en accordant à l'industrie privée livrée à elle-même ou soutenue par l'appui du crédit de l'Etat, une juste préférence sur l'administration de ponts-et-chaussées, nous étions loin de contester à cette administration la puissance et le droit d'exécuter elle-même une portion notable des travaux : *L'exécution par tous les moyens dont le pays dispose*, telle était, telle sera encore notre conclusion, comme vous le verrez plus loin (1).

Ces idées, j'ose dire ces vérités, ont fait de notables progrès dans l'opinion publique; soutenues avec talent par des publicistes éloquents et pleins de ferveur, que je n'ai pas besoin de nommer, elles ont passé dans l'administration, où elles sont généralement admises aujourd'hui. Enfin, comme je le disais au commencement de cette lettre, j'ai le sentiment que nous sommes arrivés à cet heureux moment où le bon accord va définitivement s'établir entre l'administration et l'industrie privée; la compagnie du chemin de fer d'Orléans en est déjà une preuve. Je crois remplir un devoir en déclarant hautement que, dans ses rapports avec le ministère des travaux publics, elle n'a eu qu'à se louer des disposi-

(1) L'application de l'industrie privée aux travaux publics n'est réellement désirable qu'autant qu'on lui accordera les moyens de se déployer largement, sur une base solide, et d'acquérir une force qui réponde à la grandeur de la tâche qu'on veut lui imposer. Autrement, il vaudrait mieux donner gain de cause, de suite, à l'administration ; car, si l'on peut reprocher beaucoup de choses à l'Etat, comme exécuteur de travaux publics, on ne peut lui dénier la puissance qu'il trouve dans le crédit public dont il dispose; et quand il s'agit d'aussi grands travaux, la puissance de les exécuter est sans contredit la partie du problème la plus difficile à résoudre.

(Extrait de l'*Appendice* au meilleur système).

tions favorables et conciliantes qu'elle a rencontrées.

J'ai tout lieu de penser qu'aujourd'hui les autres compagnies sont en position de rendre le même témoignage. Quoi qu'il en soit, il serait déraisonnable et injuste de nier que des progrès notables dans le sens de la protection à accorder aux compagnies se sont faits depuis 1839, et que l'administration entre chaque jour davantage dans cette voie. Au reste, de ce fait que j'avance, vous en trouverez des preuves irrécusables dans l'examen que nous allons faire ensemble du système de travaux publics dans lequel le pays va enfin entrer, il faut l'espérer, à la grande joie de tous ceux qui voient son bonheur dans le développement rapide des arts et des travaux de la paix.

On sait ce qui s'est opposé jusqu'ici à ce développement et à la prospérité qu'il promet. En première ligne, je placerai l'antagonisme déplorable qui séparait, dans les Chambres, en deux camps ennemis, irréconciliables, les partisans des travaux exécutés par l'État et les partisans des travaux exécutés par les compagnies. Ceux-ci refusaient impitoyablement leur concours à tous les projets qui devaient saisir les ponts-et-chaussées de grands travaux à exécuter ; et, en représailles, par un zèle malentendu, par ignorance des vrais intérêts du pays, les partisans de l'administration se vengeaient en ne voulant accorder à l'industrie rien de ce qui aurait pu lui être favorable.

Le mauvais vouloir de l'administration, joint aux fautes commises par l'industrie elle-même, en tête

desquelles il faut placer la création des deux chemins
de fer de Versailles, faute irréparable et qui a coûté
plus cher au pays qu'on ne le croit! les malheurs pri-
vés causés par la fièvre d'agiotage de 1838 : toutes
ces causes, et d'autres encore, ont produit un discrédit
complet, tel, que beaucoup de gens ont cru de très
bonne foi l'esprit d'association bien et dûment mort
et enterré. On l'a dit et écrit.... Heureusement, il n'en
était rien.

Il est résulté, il est vrai, de ce fâcheux état de
choses des pertes particulières assurément bien regret-
tables, et, ce qui est plus grave, la perte irréparable de cinq ou six années qu'on eût pu employer
bien utilement ! Mais il n'en est résulté que cela; car
quelques compagnies, grâce aux modifications indispensables apportées dans leur concession par suite des
progrès de l'esprit public dans ces matières; grâce au
courage et à la persévérance de leurs administrateurs
(pourquoi ne le dirais-je pas?) quelques compagnies
ont survécu à tous les gaz délétères qui viciaient ori-
ginairement leur atmosphère et menaçaient de les faire
périr; en ce moment, elles achèvent en silence leur
œuvre; une année ou deux encore, et des entreprises
jusqu'ici discréditées se relèveront glorieuses et for-
tunées. Grâces à leurs efforts, je le répète, le pays
jouira bientôt de quelques sections de grandes lignes,
et l'on apprendra avec étonnement qu'en France
comme ailleurs, plus qu'ailleurs peut-être, de grands
et légitimes succès sont réservés aux entreprises de

chemins de fer intelligemment conçues , sagement et loyalement conduites (1).

Oui, l'esprit d'association n'attend pour se réveiller et se développer avec énergie que de voir les compagnies de chemin de fer et de canaux recueillir autre chose que la ruine, pour prix de leur labeur et de leurs sacrifices. C'est à ce point de vue là surtout (le réveil de l'esprit d'association) que les administrateurs des compagnies sur lesquelles l'attention est maintenant fixée auront bien mérité de leur pays; et c'est (je puis le dire parce que je le sais), c'est au sentiment intime de l'importance nationale attachée au succès de leur entreprise qu'ils ont dû leur courage dans la longue lutte qu'ils ont eu à soutenir, et la force de volonté nécessaire pour vaincre les obstacles de tous genres qui leur étaient suscités de toutes parts.

D'un autre côté, au point de vue général, l'on ne sera pas peu surpris, quand le moment en sera arrivé, de voir le pays doté de magnifiques établissements , comme le chemin de fer d'Orléans, par exemple, sans qu'il en coûte rien, absolument rien à personne; au contraire, les actionnaires toucheront de bons revenus de leurs capitaux, et, par cela même, l'État n'aura pas un centime à débourser en vertu de sa garantie; appui tout

----

(1) On disait naguère que le peuple français se déplaçait peu, on ne le dira plus désormais. En aucun pays les chemins de fer n'ont transporté autant de voyageurs qu'il n'en circule sur nos tronçons de chemins.

moral , sans aucune influence sur l'agiotage , quoi qu'on en ait dit, et qui, néanmoins, aura permis d'achever l'entreprise restée embourbée jusqu'au moment où le puissant appui du crédit de l'Etat lui fut accordé. Le Trésor aura perçu et percevra de plus en plus , directement ou indirectement, de gros revenus jusqu'à ce qu'enfin il entre , en outre , en possession gratuite du chemin; des quartiers tout entiers se seront assainis , embellis, créés comme par enchantement; la valeur d'un grand nombre de propriétés aura considérablement augmenté; une multitude d'ouvriers de toutes sortes de professions auront trouvé du travail et gagné de bons salaires, et se seront ainsi soustraits aux séductions de cette politique d'en bas qui fait une si rude guerre à la société et n'est pas sans danger pour l'Etat; enfin, le public , et c'est là le but principal, direct, qu'on se propose d'atteindre , le public voyagera à moitié prix, beaucoup plus commodément, avec plus de écurité et trois ou quatre fois plus rapidement.

Les expéditeurs de marchandises , dont les masses écrasent nos routes de terre (les 4/5e prennent encore cette voie), jouiront des mêmes avantages, et tout cela, comme je le disais, sans qu'il en coûte rien à personne; car, on ne saurait trop le répéter, les entreprises de chemins de fer *se créent et s'entretiennent par leurs propres revenus.* Si cette considération capitale , qui est le point culminant de la question , avait davantage frappé les esprits, assurément nous serions plus avancés que nous ne le sommes! Ce qui est certain, c'est que ces voies perfectionnées qu'on nomme chemins de fer, par le fait même de leur découverte, encore à son aurore (1), permettront au public de voyager à des conditions de rapidité, de sécurité et d'économie bien préférables à celles qui lui sont offertes sur les voies actuelles, dites gratuites, qui ont coûté et coûtent à l'Etat, tous les ans, des sommes considérables de création et d'entretien.

Quel contraste entre ces deux modes de communication ! !... Un jour l'on aura peine à concevoir le temps qu'il aura fallu à l'opinion générale pour admettre ces vérités incontestables aujourd'hui : que les chemins de fer sont la découverte du siècle ; que, dussent-ils imposer de grands sacrifices à l'Etat, ce qui n'est pas, il faudrait en couvrir le pays ; que, semblables à l'imprimerie, ils deviendront la grande voie du progrès et de la civilisation ; qu'ils ont reçu la mission providentielle d'éloigner de plus en plus la possibilité de la guerre ; qu'enfin, un avenir inconnu, mais immense, mais plein d'espérance, s'ouvre devant nos neveux, appelés à voir s'agrandir indéfiniment le domaine de la puissance humaine : car, comme s'il eût

---

(1) Il est question, dans ce moment même, d'un perfectionnement des machines locomotives imaginé par le célèbre Stéphenson, qui, au moyen d'une plus grande production de vapeur par l'augmentation de la surface de chauffe, leur donnerait plus de force et de vitesse, en même temps qu'elle économiserait le combustible de près de moitié. Ce double résultat serait précieux ; en tous cas, il est évident que la belle invention des locomotives est appelée à de grands perfectionnements.

reçu de Dieu des ailes, l'homme peut lutter désormais de vitesse avec les oiseaux voyageurs !

Sous un autre rapport, quel plus bel éloge faire des chemins de fer que de pouvoir dire d'eux , qu'utiles à tous, au peuple surtout, si Louis XIV lui-même, avec toutes ses idées de grandeur, revenait en ce monde, ce monarque ne trouverait pas de manière plus agréable de voyager que celle employée par le dernier de ses sujets !!... Tant l'institution des chemins de fer, essentiellement démocratique, se prête cependant à toutes les conditions !

Mais ces vérités sont devenues presque triviales, et ce n'est qu'en cédant à une sorte d'entraînement que je me suis laissé aller à les rappeler. Voilà dans quelle situation des esprits la session va s'ouvrir. Le ministère , nous le savons, a compris les devoirs que cette situation lui impose; — il a compris que le moment est enfin venu de rompre définitivement avec le passé et d'entrer dans une ère nouvelle.

Cette grande, cette belle, cette noble carrière ouverte au gouvernement, le ministère précédent (qui, lui aussi, avait le sentiment des besoins du pays en fait de grands travaux publics) a eu le projet et l'espoir de la parcourir ! c'est pendant son court passage aux affaires que la question vitale des encouragements à accorder à l'industrie des chemins de fer a fait le plus grand pas ; la politique extérieure ne doit pas faire oublier aux partisans des travaux de la paix les services que M. le comte Jaubert, comme ministre des travaux publics, a rendus à son pays, ni méconnaître ceux qu'il aurait pu lui rendre encore, si son zèle ardent autant qu'éclairé , si sa passion pour les travaux publics, comme il l'appelait lui-même, n'avaient pas été trahis par des événements indépendants de sa volonté.

Quant au ministère actuel, voici, je le suppose, comment la question aura dû se présenter devant lui :
« Il faut, aura-t-il dit, pour des considérations poli-
« tiques et sociales de la plus haute portée, donner
« une forte et vive impulsion aux travaux publics.
« Mais, pour atteindre ce but, que faire? L'industrie
« privée est pour le moment tout à fait impuissante,
« et, lui donnât-on tout l'appui , toutes les facilités
« que jadis on avait le tort de lui refuser, et que nous
« voudrions lui accorder aujourd'hui, deux ou trois
« années au moins sont indispensablement nécessaires
« à la restauration de ses forces épuisées. Ceci bien
« avéré, faut-il ajourner encore tant de travaux utiles,
« réclamés avec impatience et attendus depuis si long-
« temps? ou si nous en venons réclamer l'exécution
« par l'État, qui, seul, aurait dans ce moment la puis-
« sance de les entreprendre, que de préventions, que
« de réclamations, que d'oppositions sincères ou poli-
« tiques ne soulèverons-nous pas! Comme nos prédé-
« cesseurs en 1838, nous courrons grande chance d'é-
« prouver un échec , et tout sera encore indéfiniment
« ajourné, au grand préjudice du pays. Cherchons donc
« un nouveau système, un système mixte qui, donnant satisfaction à toutes les opinions raisonnables,

« assure le succès de cette belle œuvre gouvernemen-
« tale : l'exécution des grandes lignes de chemin de
« fer. »

Ce système mixte, que le cabinet suppose avec raison devoir être mieux accueilli des Chambres, est
connu maintenant. Il consiste à obtenir d'elles l'autorisation de faire exécuter cinq à six cents lieues de
chemins de fer par les forces combinées des départements, de l'Etat et de l'industrie privée. Il ne s'agit en
effet de rien moins que de réunir par une voie en fer
Paris à Lille, à Calais, au Hâvre, à Bordeaux, à Lyon,
à Marseille et à Strasbourg ; en d'autres termes, d'ouvrir de grandes artères en fer conduisant de tous les
points de la France, en Belgique, en Angleterre, en
Hollande, en Allemagne, en Espagne, en Suisse, en
Italie et sur le littoral de la Manche, de l'Océan et
de la Méditerranée.

Quel beau réseau !... Et à lui viendraient encore se
souder successivement les nombreuses ramifications
que l'industrie privée ne manquerait pas d'y faire abou-
tir, à l'aide des encouragements matériels et moraux
que lui donnerait l'Etat par des moyens dont nous par-
lerons tout-à-l'heure.

C'est un projet magnifique ! s'écriera-t-on....; oui,
mais après le premier élan, les objections comme toujours, arriveront en foule.

Et d'abord entreront en lice les hommes à courte
vue qui prêchent sans cesse contre les dépenses, quelles
qu'elles soient, sans tenir aucun compte de l'immense

différence, de *l'abîme* qui sépare les dépenses productives des dépenses improductives; sans vouloir comprendre qu'il est des économies qui se résolvent en véritables dépenses, comme il y a des dépenses.., non, l'expression est impropre, comme il y a des emplois de fonds qui, pour les gouvernements comme pour les individus, sont de véritables économies, des causes de richesse et de prospérité, et assurément les créations de chemins de fer et de canaux sont de ce nombre (1).

Ainsi donc, repoussons d'avance l'opinion de ceux qui, dans cette circonstance, seraient retenus par la crainte puérile d'endetter l'État, lorsqu'au contraire, il s'agit de l'enrichir; mais nous espérons bien, au point d'instruction où en est venue la question des travaux publics, que s'il existe encore dans les Chambres des consciences assez timorées pour reculer devant les emplois de fonds aussi productifs, aussi indispensables que ceux dont il s'agit, elles n'y formeront qu'une imper-

---

(1) Les personnes qui réunissent leurs capitaux pour construire un chemin de fer, un canal, un pont, ou toute autre entreprise sujette à péage, n'entendent assurément pas dépenser les fonds qu'elles y mettent; elles croient faire, et elles font en effet, un placement plus ou moins avantageux. L'État, qui n'est autre chose que la collection des citoyens, lorsqu'il crée de pareils ouvrages, fait aussi un placement de fonds utile à tous. La caisse d'amortissement, si heureusement conservée malgré bien des attaques, n'est à son tour que la caisse d'epargne de la nation, et la nation ne saurait mieux employer ses épargnes qu'à l'amélioration du sol par de grands travaux publics.

L'État fait donc des placements, et non des dépenses, lorsqu'il crée des chemins de fer et des canaux.

ceptible minorité ; car la science économique, pour le bonheur des hommes, marche toujours en avant, et l'influence de ce progrès doit se manifester dans la prochaine discussion.

Au reste, le chiffre des sommes à employer, pour arriver au beau résultat dont nous avons parlé, n'est nullement effrayant pour un État comme la France. Pour dire le contraire, il faudrait avoir renoncé pour elle à toute idée de grandeur et de puissance, et un pareil sentiment, qui serait anti-français, n'a aucune chance de succès dans les Chambres législatives.

Toutes les fois que les chefs de l'État auront la sagesse et la force de le vouloir, le pays ne manquera pas de ressources pour fertiliser son sol ; sans parler d'une mesure aussi utile que légale, la conversion de la dette publique 5 p. 100 ajournée, pour plus ou moins longtemps, par des causes que chacun connaît, mais à laquelle il faudra bien revenir un jour, dans l'intérêt du crédit public lui-même. Cette opération de finances, quand elle sera praticable, fournirait aux travaux publics des ressources considérables (voir aux notes et documents), en même temps qu'une aussi sage application de ces ressources moraliserait la mesure elle-même. Ceci soit dit en passant et uniquement en vue de l'avenir.

Mais, diront d'autres personnes mal impressionnées sous d'autres rapports que la dépense, l'État exécute mal, lentement, chèrement ; il ne pourra jamais exploiter convenablement, il faut lui refuser notre concours.

Ardent, mais consciencieux adversaire des ponts-et-chaussées pendant plusieurs années, mon témoignage ne sera pas suspect de partialité ; or, j'ai toujours pensé, je pense encore que l'exécution des chemins de fer par l'industrie privée, encouragée par une bienveillance non équivoque et soutenue au besoin par des secours du Trésor, est préférable de beaucoup à l'exécution par l'administration des ponts-et-chaussées, qui aura d'ailleurs bien assez des travaux d'utilité générale que l'industrie ne pourra ou ne voudra pas entreprendre. Mais, avant tout, je veux des chemins de fer ; et quand, par des causes diverses, il m'est clairement démontré que, lorsque partout ailleurs au lieu de discuter l'on agit (1), ici il faudrait attendre encore plusieurs années avant seulement de commencer ces admirables voies de communication, oh ! alors je n'hésite plus ; et puisque l'État, de longtemps, aura seul la puissance d'exécuter, au risque de quelques inconvénients, je suis pour qu'il exécute ; les délais sont expirés, il en faut finir ; le pire de tout serait de ne rien faire, et à tout prix je suis d'avis de sortir de cette situation fausse et honteuse... honteuse ! je ne recule pas devant l'expression.

A plus forte raison je suis bien plus ferme, bien plus confiant dans mon opinion, lorsque le gouvernement, au lieu de proposer, comme en 1838, de se charger

(1) L'Autriche opère le désarmement sur une grande échelle, afin de consacrer les économies qui en résulteront à l'achèvement des chemins de fer commencés et à l'exécution des chemins projetés.
(Moniteur parisien, 3 décembre.)

seul de la construction et de l'exploitation des chemins
de fer, s'est arrêté à un système d'exécution qui, par
ses heureuses combinaisons, donne complète satisfaction à tous les intérêts, à toutes les exigences, et exclut
les reproches les plus sérieux et les mieux fondés adres-
sés aux travaux exécutés par l'Etat.

En effet, par le système mixte proposé, les travaux
commenceraient de suite : avantage immense, que,
dans l'état actuel des choses, le gouvernement seul
peut procurer !

Quant aux terrains, cette partie si coûteuse et si
épineuse des chemins de fer, dont l'acquisition doit forcément précéder tous les travaux, l'Etat est mieux placé
que personne pour les obtenir vite et à prix modéré,
sinon gratis. La loi, en effet, pourrait décider que les
départements traversés s'imposeront un sacrifice (auquel ils sont d'avance et d'eux-mêmes disposés), en
compensation des avantages sans nombre que leur procurerait la voie nouvelle; et si ce sacrifice, c'était le
don de la totalité ou même seulement d'une portion des
terrains nécessaires à la fondation du chemin, nul
doute qu'au lieu des prix exagérés que des propriétaires
sans pudeur n'ont pas honte de demander, l'on ne voie
la modération des prétentions prévaloir au grand profit
de la morale publique, et les propriétés être promptement livrées aux travaux à des conditions raisonnables ;
car les départements étant intéressés directement dans
la question, les jurys seraient bien plus à l'abri de ce
funeste laisser-aller qui a été fatal à plusieurs entre-

prises, mais dont, il faut le reconnaître, l'opinion publique a fait justice.

Quant aux terrassements, aux travaux d'art que l'Etat se propose d'exécuter, ils rentrent tout à fait dans les attributions des ingénieurs, et assurément personne ne contestera que l'Etat n'ait à sa disposition, pour cette spécialité, les hommes les plus capables. D'ailleurs, l'expérience acquise, les points de comparaison nombreux qui seront sous leurs yeux, mettront les ingénieurs de l'Etat à l'abri des fautes qu'on pourrait redouter de leur part en l'absence de tout intérêt privé. Je dirai même que, dans cette combinaison, il s'établirait nécessairement entre les ingénieurs de l'Etat et ceux des entreprises particulières une rivalité, une émulation qui ne pourraient qu'être utiles, sous le double rapport de la bonne exécution des travaux et de l'économie des dépenses.

Quant à la lenteur qu'on a, à bon droit, si souvent reprochée à l'administration, son propre intérêt nous répond qu'elle fera désormais tous ses efforts pour ne plus mériter ce reproche ; car l'essai qu'elle veut faire serait décisif pour elle. Et si l'administration ne s'affranchissait pas cette fois de ce défaut capital dont elle ne se défend qu'en demandant qu'on la mette à l'œuvre, qu'on la juge dans l'avenir et non plus dans le passé ; si, dis-je, en présence des œuvres de l'industrie privée qui s'exécutent si rapidement (les chemins d'Orléans et de Rouen auront été exécutés en moins de trois ans de travaux effectifs), les ingénieurs de l'Etat ne ramenaient pas, par des actes incontestables, l'opinion qui leur est contraire, c'en serait fait pour toujours des prétentions de l'administration, non seulement au monopole, dont elle nie avoir jamais eu l'idée, mais encore à une simple participation dans les travaux, qu'aujourd'hui, par suite du système mixte proposé, beaucoup de bons esprits seront d'avis de lui accorder.

Je dis donc que les travaux s'exécuteront rapidement, ou que la question de l'exécution des travaux par l'État sera définitivement jugée contre les ponts-et-chaussées. D'ailleurs, si je suis bien informé, dans le système proposé, l'administration n'exécuterait pas tous les travaux par ses seuls agents; le ministre des travaux publics pourrait recourir à l'industrie privée, et employer tous les modes capables de conduire plus rapidement au but, comme l'adjudication publique et à forfait de tout ou partie des travaux à exécuter. Or, l'exemple des entrepreneurs anglais, employés si utilement par la compagnie de Rouen, ne me laisse pas de doute qu'il se présenterait des entrepreneurs français et étrangers pour soumissionner utilement pour l'État, une bonne portion des travaux projetés. Cette situation des choses serait à elle seule, à mon sens, un stimulant suffisant, et je me rassure dès lors complétement contre la crainte de voir les travaux des chemins de fer s'éterniser, comme naguère les canaux.

L'État construirait donc, dans le plus bref délai possible, de grandes lignes en fer qui, partant de Paris comme d'un centre, le réunirait aux quatre points cardinaux de la France ; mais il se bornerait en quelque sorte à la construction des *squelettes* de ces chemins.

C'est en cela que le système proposé se distingue favorablement de tout ce qui avait été projeté jusqu'ici ; en effet, il offre sur les autres systèmes des motifs de préférence incontestables et tout à fait déterminants :

Premièrement, il réalise pour l'État une économie d'environ moitié des dépenses ; secondement, il appelle l'intervention obligée de l'industrie privée juste au moment où son rôle commence réellement, au moment où rien ne peut la remplacer à égalité d'avantages, au moment où l'achèvement de l'œuvre ne se compose plus que d'opérations purement commerciales : l'établissement de la voie, par exemple, qui comprend l'achat des rails, des coussinets, des chevillettes, des traverses en bois, etc.; l'acquisition du matériel, qui comprend les locomotives, les tenders, les voitures de toutes sortes, et tout le mobilier de l'entreprise ; l'aménagement des gares ; enfin et surtout l'exploitation, l'exploitation ! que l'intérêt privé, sans cesse en éveil, peut seul bien diriger.

Le projet du ministère, laissant à chacun son rôle, répond donc à toutes les exigences ; il rend possible, avec une dépense de 300 millions, l'exécution de 500 lieues de chemin de fer, et le ministre des finances, juste appréciateur des bienfaits que le pays peut attendre d'un si excellent emploi des fonds de l'État, annonce des voies et moyens qui suffiront à tous les besoins, et qui seront combinés de telle sorte que les travaux ne seront jamais arrêtés par le défaut de capitaux. *C'est l'argent qui attendra les travaux, et non les travaux qui attendront l'argent;* seule manière rationnelle de les entreprendre, et bien différente de celle en usage jadis. C'est bien le cas de placer ici l'adage américain « *Times is money.* » Cette vérité est comprise aujourd'hui, et cela seul est un pas immense dans la question des travaux publics.

Mais, dira-t-on peut-être, les *squelettes* des chemins, comme nous les appelons, créés, qui nous assure qu'on trouvera des compagnies pour les achever, et qu'il ne faudra pas venir demander aux chambres autres 300 millions pour les finir?

J'ai déjà dit que l'État, dût-il entreprendre à lui seul les chemins de fer, il ne faudrait pas reculer devant cette obligation, en présence de tout ce qui se fait au dehors en ce genre, et lorsque la Providence nous accorde des années de paix précieuses qu'il faut savoir employer, à peine de nous reconnaître indignes d'un si grand bienfait; mais je n'admets pas la possibilité que dans trois ou quatre années, lorsque, comme je le disais, des succès et une protection efficace, éclairée, évidente à tous les yeux, seront venus ranimer l'esprit d'association, je n'admets pas, dis-je, la possibilité que des chemins de grande ligne, qui ne coûteront plus, pour être mis en état d'exploitation parfaite, que 6 à 700 mille francs par lieue au lieu de 12 à 1400 mille francs, ne trouvent pas des compagnies pour les achever, avec une concession dont la durée pourrait s'étendre jusqu'à quatre-vingt-dix-neuf ans.

Car un grand système de chemins de fer, en reliant entre eux tous les points importants du royaume et les mettant en communication avec les chemins de fer de l'étranger, assure d'avance, aux uns et aux autres, des produits bien autrement considérables qu'on ne pourrait en espérer de lignes tronquées. Cela tombe sous le sens ; en effet, une remarque, que je ne dois pas omettre ici, c'est que contrairement à ce qui se passe dans les autres industries où la concurrence tue si souvent, le développement, la multiplication des chemins de fer est pour eux de toutes les causes de prospérité la plus énergique et la plus puissante.

Enfin qu'on se le rappelle, nous avons supposé (et, comme on doit le penser, cette supposition n'est pas purement gratuite) que, cette fois, le gouvernement voulait entrer franchement et sincèrement dans la voie des encouragements de toute nature à donner à l'industrie privée ; qu'on la protégerait dans ses actes ; qu'on l'honorerait dans ses chefs ; en un mot, qu'on encouragerait à le devenir toutes les notabilités commerciales que l'on a effarouchées et éloignées comme à plaisir des entreprises industrielles, par de fausses mesures et une conduite tout opposée à celle qu'il fallait tenir.

Nous supposons encore que, pour quelques-unes de ces lignes et même pour toutes, si cela était nécessaire, on accorderait cet appui du crédit de l'Etat, cette garantie d'intérêt dont les avantages n'ont pas encore été généralement appréciés et compris, mais dont les bons effets ne tarderont pas à se manifester ; en même temps qu'on acquerra la preuve que, dans les limites où elle a été sagement restreinte, tant pour la fixation du capital que pour le taux de l'intérêt assuré aux actionnaires, cette garantie n'entraînera jamais le Trésor dans des dépenses qui puissent être prises en sérieuse considération, ni surtout entrer en comparaison avec les recettes dont elle sera la cause première, en rendant possibles de grandes et belles entreprises qui, sans l'appui du crédit de l'État, ne l'auraient peut-être jamais été.

Comme on le sait, le système de la garantie d'intérêt a été goûté et adopté par plusieurs conseils généraux de départements, et il le sera plus tard probablement par un grand nombre d'autres. Le gouvernement aurait grand tort, selon nous, de ne pas encourager ces sacrifices conditionnels et temporaires que s'imposent volontairement les localités, pour faciliter et accélérer l'établissement de communications perfectionnées, dont, sans cette garantie, elles seraient pour toujours privées, ou tout au moins longtemps encore ; mais un moyen de rendre plus efficaces ces efforts généreux,

serait que le gouvernement, s'appliquant à lui-même
ces garanties, leur substituât le crédit de l'État : on
conçoit qu'il serait bien différent pour une compagnie
d'être garantie par un seul débiteur, et le plus solide
de tous, ou de l'être fractionnellement par plusieurs
départements. — Au reste, le complément obligé des
projets actuels du gouvernement étant la création de
grandes compagnies et la réunion de grands capitaux,
le système de la garantie d'intérêt deviendra un auxiliaire peut-être indispensable; et l'on doit s'applaudir, sous ce rapport, qu'un essai qui, nous n'en dou-
tons pas, dissipera toutes les préventions, ait été tenté.
D'ailleurs, il est facile de comprendre que le système
de garantie serait d'autant mois susceptible d'entraîner
le Trésor dans des débours importants, que l'État aurait
achevé de ses propres deniers des travaux représen-
tant environ la moitié de la dépense, et qu'il n'accorderait, en donnant sa garantie, qu'un simple appui
moral sans aucune conséquence pour le Trésor.

En résumé, si l'on veut faire de grandes choses, il
faut toujours en revenir à notre ancienne proposition :
*Fonder, sur des bases larges et solides, le crédit public in-
dustriel* ; autrement dit : *Fermer l'ancien grand-livre
et ouvrir hardiment le nouveau : celui des travaux de la
paix* (1).

Dans ces termes-là, ma confiance dans la formation

(1) Voir aux notes et documents, pour plus de développements,
*le Précis analytique du meilleur système à adopter pour les travaux
publics.*

en temps utile des grandes compagnies nécessaires à l'achèvement des entreprises commencées par le gouvernement, est entière; mais c'est aux conditions dont nous avons parlé, celles d'une large protection, et à ces conditions seulement.

Il est d'autant plus permis d'insister avec force sur la nécessité de cette large protection, qu'en définitive, le réseau entrepris par l'Etat, quelque grand qu'il soit, ne doit être qu'une portion minime en quelque sorte de l'ensemble des travaux de tous genres, que les besoins progressifs du pays réclament, et que l'industrie privée, dans le système même du gouvernement, est appelée à exécuter.

Dans cette pensée, nous avons pris la liberté d'indiquer à M. le ministre des travaux publics une mesure qui aurait l'immense avantage, par le seul fait de son adoption, d'être, même pour les esprits les plus défiants, une manifestation évidente de la ferme volonté du gouvernement de protéger et d'encourager efficacement les entreprises de chemins de fer. Chacun sait que jusqu'ici ces entreprises ont généralement très mal réussi, et cela en grande partie par suite des entraves ou des charges considérables de toute nature imposées par l'administration aux compagnies.

Or, cette mesure qui nous a paru goûtée, dont on nous a même promis l'accomplissement, consisterait, de la part du ministre des travaux publics, à ouvrir immédiatement, sous sa présidence, des conférences auxquelles seraient appelés des délégués de toutes les compagnies ; là , l'autorité entendrait leurs justes plaintes, avec l'intention bien arrêtée de faire droit, au moyen d'une loi générale des chemins de fer, à toutes les réclamations fondées. Il me suffira d'indiquer quelques-unes de ces réclamations, pour mettre à même d'apprécier, d'un coup d'œil, leur valeur.

Les compagnies demandent :

1° La suppression des frais de police et de surveillance de toute nature mis à leur charge ;

2° L'aide du ministère pour obtenir justice des prétentions des conseils municipaux qui, sans aucun droit, voudraient mettre à la charge des entreprises les frais de perception des droits d'octroi ;

3° La suppression de l'obligation du transport gratuit des dépêches ;

4° La suppression ou la limitation du droit de patente ;

5° La suppression temporaire, ou au moins la régularisation de la perception de l'impôt du dixième sur les voyageurs, et la révision de beaucoup d'autres points susceptibles de justes modifications.

Enfin, il y aurait lieu d'aborder franchement la question si grave de la fixation d'un tarif-maximum uniforme, applicable à toutes les compagnies anciennes et futures, tarif dans les limites duquel chaque compagnie aurait le droit de se mouvoir à son gré. Si toutes ces questions étaient discutées à fond avec le sincère désir d'être juste, elles seraient résolues dans

un sens favorable à l'industrie , j'en ai l'intime conviction.

Réformatrice d'erreurs involontaires, mais fatales à
l'industrie privée, une loi générale , telle que nous la
concevons, serait accueillie avec une véritable satisfaction par les chambres et par le public ; car cette loi
concourrait puissamment au réveil de l'esprit d'association dont plus que jamais l'on va avoir besoin (1).

(1) Les effets d'encouragements semblables, hautement annoncés,
ne tarderaient pas à se faire sentir; je ne serais pas surpris qu'ils pro-
duisissent immédiatement une révolution dans les esprits, et que les
compagnies existantes, naguères si découragées, n'offrissent bientôt
d'elles-mêmes d'étendre leurs travaux et de venir ainsi en aide au
gouvernement.

Voilà comme tout s'enchaine : chaque arbre produit son fruit.

Dans cette voie d'encouragement où le gouvernement veut entrer,
ne serait-il pas d'une politique bien entendue de faire intervenir les
princes dans les grandes compagnies qui vont se former?

L'exemple de l'ancien roi de Hollande et des princes de la famille
royale en Angleterre est la preuve que les grands personnages peuvent, sans déroger, encourager de leur personne et de leur fortune
des cetreprises auxquelles leur immensité donne un cachet tout
gouvernemental.

Quel malheur qu'en France un auguste personnage, auquel l'Europe doit l'immense bienfait de la conservation de la paix (personne
ne peut le méconnaître); qui, dans l'intérêt des arts, a consacré ses
loisirs et une grosse part des ressources de la liste civile à la restauration des demeures royales, n'ait pas embrassé avec la même ardeur
la grande question des travaux publics!... Au lieu de 30 à 40 millions employés libéralement, il est vrai, en objets d'art, cette question des travaux publics, mieux comprise, aurait mis en mouvement
1 ou 2 milliards placés en créations éminemment utiles au pays, et
fait ressortir bien mieux les inappréciables bienfaits de la paix: ainsi

Nous croyons, en particulier, que l'adoption d'une mesure libérale et éclairée, relativement aux tarifs, exercerait à elle seule la plus heureuse influence, en même temps qu'elle aurait l'avantage de rendre plus productif l'impôt dû au Trésor sur les voyageurs.

Cette question des tarifs est même, à nos yeux, si vitale, que je ne résiste pas au désir de reproduire le tarif maximum uniforme que les compagnies de Paris à la mer et d'Orléans avaient adopté, sur ma proposition, en 1838, et réclamé du gouvernement qui, encore imbu des plus fausses idées sur la matière, crut devoir le refuser sans en donner aucune raison (1).

Ce tarif, comme on le verra dans le développement des motifs à l'appui qui le suit, satisferait complètement aux exigences combinées du public et des compagnies, dont les intérêts, on ne saurait trop le répéter, sont parfaitement identiques : c'est cette conviction qui m'a fait soutenir constamment la doctrine bien plus large de la liberté des tarifs, mais sur laquelle je n'insiste pas, le tarif maximum proposé répondant à tous les besoins.

Une autre mesure non moins nécessaire (peut-être plus utile en ce qu'elle ne serait pas transitoire), que je prendrais encore la liberté de recommander au zèle

Napoléon, dont le vaste génie embrassait tant d'objets à la fois n'a jamais compris la puissance du crédit, et peut-être cette lacune de son esprit a-t-elle eu sur sa politique les plus fâcheuses conséquences.

(1) Voir aux notes et documents.

éclairé de M. le ministre des travaux publics, serait
l'institution auprès de son ministère d'une commission
consultative composée de pairs, de députés, de hauts
fonctionnaires dans l'ordre administratif, enfin de notabilités commerciales et industrielles. A cette commission spéciale et permanente serait renvoyé l'examen
de toutes les questions intéressant le développement
de voies perfectionnées : canaux et chemins de fer. Si
le choix des membres de cette commission était fait
avec intelligence, parmi les hommes sincères partisans
de l'industrie et connus par leur zèle pour les travaux
publics, je me tromperais fort ou cette création aurait
la plus heureuse influence sur le développement des
chemins de fer par l'association.

C'est en effet à l'absence d'une semblable institution
que l'on doit, en grande partie, la persistance de la
haute administration dans des voies qui nous ont coûté
sept ou huit années précieuses, perdues irrévocable-
ment; enfin, si cette commission *spéciale et permanente*,
composée comme je l'entends, eût existé l'année dernière, je le demande, la chambre eût-elle été exposée
à la présentation de cette loi sur les canaux, actuellement à l'état de rapport, tellement en contradiction
avec les saines doctrines que le gouvernement, mieux
inspiré, cherche à faire prévaloir aujourd'hui, qu'on
ne comprendrait pas qu'il osât la soutenir telle qu'elle
est? Quelle voix, parmi ses membres, eût osé s'élever
pour conseiller au ministre un projet de loi d'expropriation qui, au droit constitutionnel et non contesté

de s'emparer , dans l'intérêt général, d'une concession
de canal (propriété qui, par l'étendue des services
qu'elle rend, devrait être respectée plus qu'une autre,
si toutes les propriétés ne devaient pas l'être égale-
ment), ajoute celui, intolérable, d'en fixer le prix
d'avance, arbitrairement et sans égard aux mille et
une circonstances qui devraient influencer un jury ,
seul tribunal qui puisse justement et légalement fixer
l'indemnité due à l'exproprié !

Sans doute la commission de la Chambre des députés
a déjà fait justice d'une loi qui rappelait par trop les
formes impériales; mais le mauvais effet de la présentation de cette loi n'en a pas moins été produit, et pour
l'atténuer autant que possible, le gouvernement ne
saurait confesser trop haut qu'il s'est mépris, ni donner trop tôt son consentement à des modifications que
la justice blessée réclame impérieusement : modifications que la commission, gênée par la résistance du
ministère, n'a pas osé aborder aussi franchement
qu'elle l'aurait fait, indubitablement, sans cette opposition (1).

(1) Si l'on voulait absolument assujétir les anciennes concessions au
droit de rachat stipulé dans les nouvelles concessions, il suffirait de
consacrer en principe le droit d'expropriation ; et, puisque le rachat
aux termes mêmes du projet de loi critiqué, ne pourrait avoir lieu que
par une loi spéciale, il suffirait aussi de renvoyer à cette loi spéciale
le soin de fixer les conditions du rachat. Si, contre toute justice, une
oi générale pouvait fixer à l'avance les conditions, il est évident qu'on
ne pourrait pas arguer de l'absence de la clause de rachat dans les an_
ciennes concessions, pour leur faire une position pire qu'aux conces-

Puisque j'ai été entraîné à parler des canaux, ce qui rentre au reste tout à fait dans mon sujet, je n'abandonnerai pas ce terrain sans dire quelques mots de la manière peu loyale, j'ose le dire, avec laquelle l'administration exécute les clauses des contrats des compagnies de 1821 et 1822.

Les compagnies sont, toutes, pour une chose ou pour une autre, en réclamations auprès de l'administration, et indignées (je dois le dire pour être vrai) des interprétations jésuitiques et des violations manifestes des dispositions les plus claires de la loi, dont on se rend coupable à leur égard.

Pour ne parler que de la compagnie des Quatre-Canaux, dont, étant l'un des administrateurs, je suis en position de bien apprécier les justes plaintes, je puis certifier qu'après avoir été repoussée par des raisons pitoyables, dans sa juste prétention d'une indemnité pour les longs retards apportés dans l'achèvement des travaux (prétention qu'elle reproduira dans le cas d'accélération d'amortissement), cette compagnie, qui a accompli rigoureusement toutes ses obli-

sionnaires dont le rachat de la concession a été prévu. Au reste, on se rappelle que M. le comte Jaubert avait réussi à traiter à l'amiable, sur des bases *rationnelles et justes*, l'abaissement des tarifs des canaux d'Orléans et de Loing, de Briare et de Roanne à Digoin, et le rachat des actions de jouissance des canaux soumissionnés. Quant à la question de l'affermage des canaux, elle était toute théorique : c'était une faculté réservée au gouvernement qui méritait au moins d'être examinée. (Voir les documents relatifs aux canaux, publiés par le ministre des travaux publics.)

gations, en est encore, après quatre ou cinq années de réclamations, à obtenir l'adoption d'un mode de comptabilité qui lui offre quelque garantie et soit en harmonie avec les principes déposés très explicitement dans son cahier des charges! Des conférences à ce sujet avaient été ouvertes récemment au ministère des finances et semblaient promettre un résultat satisfaisant; mais elles ont été interrompues brusquement par le fait du ministère des travaux publics, et tout est de nouveau suspendu et ajourné indéfiniment.

Mais voici qui est bien autrement grave; ce qui, dans un moment où le gouvernement veut faire appel aux forces industrielles de l'association, est incompréhensible, c'est qu'une ordonnance royale du 19 octobre dernier, contresignée par le ministre des finances, vient d'accorder un nouvel abaissement de tarif sur les houilles en passage sur le canal latéral à la Loire, non pas d'accord avec la Compagnie, comme le veut expressément la loi, mais malgré son refus exprimé à deux reprises !

Véritablement, une pareille conduite envers les compagnies (chacune a ses griefs particuliers !) est inqualifiable; aussi a-t-elle produit l'effet que peut-être on en attendait, celui d'augmenter la défiance et le découragement qui se sont emparés des actionnaires, depuis la perte du procès en indemnité pour le retard des travaux. Ce découragement est favorable, si l'on veut, au projet actuel de rachat des droits de partage des produits concédés; mais le gouvernement, moins que personne, devrait s'en applaudir; car si ce découragement, dont nous venons de faire connaître la cause, épargnait quelques millions au Trésor, ce serait acheter bien cher cet avantage que de l'obtenir au prix d'un manque de foi aux traités. Qui donc donnera l'exemple de la religieuse observation des engagements, si ce n'est l'Etat? . . . .

. . . .

Mais pour cette question des canaux, comme pour toutes les autres analogues, nous allons, je l'espère, entrer dans une ère nouvelle (1). Le gouvernement ne

(1) Nous célébrons dans tout le cours de cette épître les avantages de la paix entre l'administration et l'industrie, parce que nous sommes convaincus que les faits viendront confirmer les paroles dites et les promesses faites ; mais pour les personnes défiantes, une grande preuve de la sincérité des ponts-et-chaussées se trouverait tout d'abord dans les efforts de l'administration pour faire réussir les entreprises de travaux publics par les compagnies ; — or, un des plus grands moyens de succès serait de ne plus les opposer les unes aux autres, pour les faire périr misérablement par la concurrence, comme les compagnies de Versailles, par exemple... Cependant l'on nous assure que ces compagnies qui, malgré l'achèvement du chemin d'Orléans, entretiennent encore la singulière idée de se continuer sur Tours par Chartres, n'en sont pas ouvertement dissuadées par l'administration ! Or, si celle-ci voulait accorder à ces compagnies quelques faveurs, comme elle devrait le faire, afin de prendre sa part de la faute commise, ce ne devrait pas être en leur accordant une concession qui, dans notre opinion, deviendrait pour elles la robe de Déjanire.

Nous croyons savoir aussi que l'administration, qui vient d'accorder un prêt de quatre millions à la compagnie du chemin de fer de la Loire, aurait annoncé des dispositions favorables (jusques à lui consentir une garantie d'intérêts) à la formation d'une compagnie qui voudrait se charger de continuer le canal de Roanne jusqu'à Saint-

peut pas, au même instant, professer les plus saines doctrines d'économie politique et violer ouvertement des conventions passées avec des compagnies sous le sceau de la loi ; et cette grande affaire des canaux, depuis si longtemps soulevée dans les chambres, va sans doute

Rambert, ce qui serait, sur une étendue de près de vingt lieues, le renouvellement des deux chemins de Versailles. Ainsi, au lieu de mettre en communication le chemin de fer de la Loire avec le canal de Roanne, comme le simple bon sens l'indique, et comme l'exécution loyale du cahier des charges de Roanne en fait une obligation, on irait créer à grands frais, avec l'appui de l'État, une concurrence au chemin de la Loire, au moment où on lui accorde un secours pour le relever de ses ruines ! Cela ne paraît pas croyable, et cependant ce renseignement nous vient de bonne part.

Sans doute, si ces choses pouvaient jamais prendre une consistance qu'elles n'ont pas et ne peuvent avoir, les Chambres, averties, ne consentiraient pas à de pareilles combinaisons : elles savent maintenant qu'il ne faut permettre la concurrence que lorsque l'insuffisance constatée des voies existantes la rend nécessaire, et que notre sol n'est pas si riche de voies perfectionnées qu'il faille en établir de nouvelles là où il en existe déjà ; mais leur résistance ne suffirait pas au but que nous ambitionnons d'atteindre. C'est le ministre des travaux publics surtout qui devrait savoir que l'on ne doit pas susciter des concurrences ruineuses aux compagnies existantes. En effet, si l'administration veut être protectrice, bienveillante, c'est à elle qu'il appartient de bien conseiller l'industrie ; c'est à elle surtout, qui en a le droit et le devoir, d'opposer une barrière insurmontable aux écarts des imaginations exaltées ou de la cupidité. Enfin, c'est à cette marche du ministère, la seule juste et raisonnable, que les esprits les plus prévenus, les plus défiants reconnaîtront la sincérité de l'administration dans la nouvelle alliance avec l'industrie privée. Plus l'administration des ponts-et-chaussées a de préventions à vaincre, plus elle doit être nette et explicite dans la promulgation de ses doctrines administratives actuelles.

aussi recevoir une solution qui ne blessera aucun des principes conservateurs que le pouvoir, avant tout, a mission de défendre.

Si le gouvernement persiste dans la volonté de libérer les canaux de 1821 et 1822, il ne peut réussir dans ce projet qu'en traitant amiablement avec les compagnies, comme M. Jaubert lui en a donné l'exemple, ou en les renvoyant devant un tribunal éclairé et impartial. Il n'y a aucun moyen de sortir autrement de la difficulté; la commission nommée par la chambre, pour l'examen de la loi présentée, l'a formellement reconnu.

Si le gouvernement renonce à son projet de dépossession des porteurs d'actions de jouissance, et même dans tous les cas, ce qu'il y aura de mieux à faire sera d'affermer les canaux à des compagnies particulières, après en avoir modifié le tarif, d'accord avec les compagnies s'il est encore soumis à leur consentement, ou comme le gouvernement l'entendra si l'Etat est devenu seul propriétaire des canaux; car, qu'on le sache bien, jamais le gouvernement ne pourra administrer des canaux comme le ferait l'intérêt privé; et d'ailleurs, les ponts-et-chaussées auront assez à faire à l'exécution des nouveaux travaux projetés. Donc, il y aurait au moins lieu de tenter un essai, sur le canal latéral, par exemple, qui aboutit en amont et en aval à des canaux particuliers : les partisans et les adversaires de la régie intéressée des canaux seraient ainsi éclairés par une expérience qu'il importe peut-être d'avoir faite, avant d'appeler les Chambres à prononcer définitivement sur cette intéressante question.

Mais que l'on rachète ou que l'on ne rachète pas les concessions de partage des produits des canaux soumissionnés ; que l'on afferme ces canaux ou qu'on ne les afferme pas, il faut avant tout et toujours exécuter les contrats franchement et loyalement. Il vaudrait mille fois mieux que l'Etat fût lésé de quelque chose, ce qui n'est nullement le cas, que de donner, comme il le fait dans cette occasion, l'exemple de la violation de la foi jurée. Le crédit public, l'essor de l'esprit d'association, et toutes les merveilles qu'on est en droit d'attendre de ces grands leviers, sont à ce prix !

Mais il est temps de terminer cette longue épître : résumons-nous.

Une guerre impie entre des forces qui auraient dû se prêter un mutuel appui a comprimé en France, durant sept longues années, le développement des travaux d'utilité générale; travaux qui sont devenus aujourd'hui une nécessité publique au plus haut degré ;

Une lutte violente des opinions sur le meilleur mode d'exécution de ces travaux et de fausses idées sur le danger des dépenses qu'ils exigent, voilà les causes premières, les causes véritables de ces retards sans cesse renouvelés, qui sont un malheur public.

Aujourd'hui, lorsque le gouvernement, éclairé enfin sur la meilleure solution de ces questions, rentre dans les bonnes voies, proclame les vrais principes et annonce des projets véritablement utiles et dignes de la

France, que tous les amis de leur pays fassent leurs efforts pour que les passions s'apaisent, pour qu'un voile épais soit jeté sur le passé, et que chacun signe de bon cœur cette paix de l'administration avec l'industrie privée, gage précurseur du plus heureux avenir !

Qui pourrait dire, en effet, ce qu'il est permis d'espérer des efforts combinés du gouvernement et de l'esprit d'association, lorsque celui-ci ne sera plus comprimé par des lois oppressives, mais encouragé par tous les pouvoirs de la société ; lorsque les capitaux, rebutés jusqu'ici par de constants revers, mais rassurés bientôt par d'éclatants succès, honorablement obtenus, viendront en foule chercher des placements utiles dans les concessions de travaux publics !

Qui pourrait dire, en fait de vigueur d'exécution et d'énergiques efforts, ce que l'on doit attendre de la franche et sincère alliance, de la loyale association du gouvernement et de l'industrie privée !

Autant les amis des travaux de la paix ont blâmé et attaqué le vieux système, maintenant abandonné, autant ils doivent applaudir le nouveau et aider le gouvernement à atteindre le but glorieux qu'il s'est proposé.

Si le ministère reste fidèle aux nouveaux principes énoncés par lui ; si les Chambres, persistant à accorder leur appui aux saines doctrines qui, depuis quelques années, ont petit à petit pénétré dans leur sein, donnent force de loi aux projets actuels, un avenir immense de travaux utiles, d'améliorations de tous genres est réservé à la France. Oui, un avenir digne d'envie, en fait d'améliorations matérielles, tel sera certainement le résultat de la cessation d'un malentendu déplorable entre la haute administration et l'industrie privée ; malentendu qui, en les faisant agir en sens contraire, a annulé les forces vives du pays et a tenu la France bien loin en arrière des contrées auxquelles jadis elle avait la noble prétention de donner l'exemple et l'élan.

Que le but glorieux offert à notre ambition, but qu'il est politiquement et commercialement si important d'atteindre, le pays doive à ses représentants de le voir touché, dépassé même, si c'est possible ; et que de misérables rivalités, de tristes animosités politiques ne viennent pas compromettre la réussite de projets qui, s'ils étaient bien compris, devraient être votés d'enthousiasme et pour ainsi dire à l'unanimité !....

Terminons par une considération de la plus haute moralité :

La guerre n'est malheureusement pas encore rayée du code des nations ; mais si elle doit l'être jamais, ce sera aux grandes lignes de chemins de fer, appelées à rapprocher les peuples et à faire de l'Europe entière pour ainsi dire un seul royaume, que l'humanité en devra l'immense bienfait.

Qu'un si beau résultat excite l'ardeur de tous les hommes de bien ! en un mot, *travaillons pendant qu'il fait jour.*

François BARTHOLONY.

Paris, 5 décembre 1841.

2 Janvier **1842**.

P. S. Cette lettre sur le nouveau système des travaux publics adopté par le gouvernement, a reçu une première publicité dans le *Moniteur Industriel* des 5, 9, 12, 16 et 19 décembre, et a suscité dans le numéro du 25 décembre des observations critiques qui se résument en deux points principaux :

Premièrement, en ce qui concerne la conclusion de la paix entre l'administration publique et l'industrie privée, *une froide incrédulité a accueilli nos paroles ; il faut bien que nous le disions comme organe véridique*, dit le journal :

Secondement, on a trouvé une contradiction flagrante entre les espérances exprimées et plusieurs faits cités, notamment ce que j'ai dit sur les canaux et la continuation supposée des chemins de Versailles sur Tours...

C'est à tous ces contrastes que s'est attachée la critique, dit encore le journal ; *nous souhaitons que l'auteur veuille y répondre.*

A cette provocation, nous avons cru devoir faire une réponse à laquelle nous n'ajouterons désormais plus rien, quelle que soit la manière dont notre opinion sera jugée. Nous avons dit ce que nous croyons vrai et utile de dire ; c'est tout ce qu'on peut exiger de nous ; si

nous nous étions trompé, notre but devrait nous faire
pardonner une erreur involontaire.

Voici au reste cette lettre :

27 décembre 1841.

A Monsieur le Rédacteur du *Moniteur Industriel.*

Monsieur,

« En livrant ses opinions à la publicité, on s'expose naturellement à la critique ; aussi ce n'est pas pour y échapper que
je cède à la provocation que vous me faites de répondre aux
observations contenues dans votre numéro du 25. — Au contraire, loin de me plaindre des remarques faites à l'occasion de
ma *Lettre à un député,* je serais tenté de m'en applaudir ; car
cette lettre, n'eût-elle d'autre mérite que d'avoir ouvert la
discussion sur les projets du gouvernement, je ne me repenti-
rais pas de l'avoir écrite.

« Mais je dois repousser le reproche de crédulité et de contradictions qu'on m'adresse injustement, je crois.

« J'ai émis, il est vrai, avec une certaine conviction, la pensée que nous sommes arrivés au moment, appelé depuis si longtemps de mes vœux, où l'administration et l'industrie marche-
ront de concert à l'accomplissement des grandes créations que
les besoins de l'agriculture et du commerce, et je dirai même
l'honneur du pays, réclament impérieusement. Mais cette opinion
ne s'est pas faite à la légère : elle se fonde sur des communications verbales et écrites de la part des plus hauts fonctionnaires de
l'État ; sur des promesses formelles que des faits antérieurs m'au-
torisent à croire le résultat d'une volonté bien arrêtée ; enfin,
sur le système mixte lui-même adopté par le gouvernement :

système dont l'adoption par les chambres et le succès définitif
dépendent essentiellement de la restauration de l'esprit d'association appliqué aux travaux publics : car le plus grand argu-
ment des adversaires de ce système sera, en effet, le défaut de
certitude que les travaux commencés par l'État puissent être
achevés par l'industrie. Le ministère des travaux publics pourrait donc, dans cette circonstance, se borner à dire comme
Figaro : « Mon intérêt vous répond de moi. » Mais il y a mieux
que des promesses et des espérances, il y a des faits accomplis
à citer.

« Pour peu qu'on soit versé dans la question des travaux publics, il n'est pas permis d'ignorer la distance immense qui
sépare les exigences administratives passées des exigences
actuelles. Il suffit de se reporter quelques années en arrière
pour reconnaître que l'administration a déjà fait de grands pas
dans la voie du progrès : le nier serait évidemment une injus-
tice, et il faut être juste même envers les ponts-et-chaussées ;
ceci soit dit en passant à ceux qui leur ont déclaré une guerre
à mort *quand même*.....

« Quant à mes prétendues contradictions, on n'a pas assez
fait attention que mes plaintes portent sur le *passé* et que mes
espérances sont pour l'avenir, un avenir prochain, car il commence avec la session. Si, comme j'ai lieu de le croire, mes
espérances se réalisent, malgré la froide incrédulité dont vous
dites que mes paroles ont été accueillies, ce bon résultat cau-
sera un contentement d'autant plus grand, qu'on y aura moins
cru. Si, au contraire, ces espérances ne se réalisent pas, eh
bien ! j'aurai été dupe de flatteuses illusions, de trompeuses
promesses, et il faudra recommencer avec vous et tous les amis
des chemins de fer, une nouvelle croisade.

« Mais ce ne serait qu'un léger retard (toutefois que Dieu
nous en préserve !), car il faudrait bien peu se connaître au
signe des temps pour ne pas voir que le moment est venu où

le gouvernement, n'en voulût-il pas, serait contraint de céder au vœu général du pays par la création des grandes lignes de chemins de fer.

« Or, loin de là, le ministère a compris toute la portée de cette grande œuvre gouvernementale, et il se met de conviction à la tête du mouvement!... Je persiste donc dans mes espérances d'avenir et de réparation du passé; le temps est proche où l'on saura si ces espérances n'étaient qu'une vaine utopie et si le pays tout entier s'est encore ému pour rien; pour moi, je ne le pense pas.

« Recevez, Monsieur, etc. »

F. B.

— 53 —

Paris, le 10 janvier 1842.

Second post-scriptum. — On nous assure que le gouvernement, afin d'éviter des débats avec les intérêts de localité représentés dans les chambres, au sujet des tracés à suivre pour les chemins de fer projetés ; et aussi parce que, dit-on, les études faites ne seraient pas assez avancées, ne demanderait de crédit pour l'ouverture immédiate des travaux , que pour le chemin de Belgique et ses embranchements vers la mer, et le chemin de Marseille à Avignon, première section de la grande ligne du Midi.

Nous ne verrions pas sans une vive peine le gouvernement adopter cette marche, en quelque sorte rétrograde , eu égard aux espérances conçues ; non que nous ne comprenions très bien les difficultés considérables que pourraient soulever dans les chambres les vues étroites de l'intérêt de localité ; et la crainte que l'on pourrait avoir par suite de compromettre le vote du crédit général à demander ; mais l'on pourrait, il nous semble, conjurer le danger en laissant tout ce qui concerne le choix des tracés au libre arbitre du gouvernement , assisté d'une commission consultative fortement constituée ; comme, par exemple, celle dont nous avons demandé l'institution, page 38 de notre travail.

Quant aux études faites par les soins des ponts-et-chaussées qu'on dit insuffisantes, incomplètes , nous admettrons volontiers ce fait. Mais ces études resteront toujours du plus au moins à l'état d'avant-projet, tant que l'ingénieur *chargé de l'exécution* n'aura pas étudié sur le terrain , à fond , et fourni ses projets définitifs avec le sentiment de la responsabilité qui pèsera sur lui. Or, ce dernier et important travail ne peut se faire que lorsque l'entre prise est définitivement décrétée et lorsqu'il ne reste plus qu'à accomplir l'œuvre projetée.

Cette circonstance de l'état incomplet des études, est dans la nature des choses, elle n'est donc point un motif suffisant pour retarder le vote et la mise en train des travaux, et pour entreprendre moins aujourd'hui que l'Etat ne proposait de le faire en 1838, époque où, assurément, les études dont on parle étaient encore bien plus à l'état provisoire qu'elles ne le sont aujourd'hui....

A moins que le gouvernement ne consente à ce qu'on lui applique avec raison la fable de *la montagne qui accouche d'une souris*, il faut que les chemins à commencer immédiatement relient les quatre points cardinaux du territoire, et pour cela il faut proposer, sans hésitation, l'exécution immédiate et simultanée :

1° Du chemin de Belgique avec embranchement à la mer;

2" Du chemin de Paris à Lyon par la Bourgogne ou par le val de la Loire, et le chemin d'Avignon à Marseille;

3° Du chemin de Strasbourg direct ou indirect, au moyen d'un embranchement de Dijon à Mulhouse, dans l'hypothèse du chemin de Lyon par la Bourgogne;

Du chemin d'Orléans à Tours (premier prolongement de la ligne de l'ouest).

En procédant de cette manière, le gouvernement donnerait, dès à présent, satisfaction à toutes les parties du territoire; il faciliterait l'adoption de ses vues et accomplirait une œuvre vraiment gouvernementale et digne de la France.

Nous espérons toujours, quoi qu'on en dise, que c'est là le plan que suivra, de sa propre impulsion, le ministère; à défaut, la sagesse des chambres le pousserait dans cette voie, la seule digne du pays en présence de ce qui s'est fait et de ce qui se prépare à l'étranger.

Si la France est encore la France, il faut qu'elle attaque hardiment le système entier de ses voies de fer. Les chemins votés et leur exécution décidée, il faudra créer les voies et moyens, de telle sorte, que, comme on nous l'avait dit, *l'argent attende les travaux et jamais les travaux l'argent.* Mais ce ne sera pas une difficulté sérieuse si on le veut bien ; car, 3 ou 400 millions à dépenser dans cinq ou six années, ne représentent que 50 à 60 millions par année. Si les réserves de l'amortissement n'y peuvent suffire, vous négocierez des rentes, comme vous en auriez négocié pour faire la guerre,—ou mieux encore, vous examinerez si cette idée d'une nouvelle dette flottante, de *bons de chemins de fer,* portant intérêt jour par jour, ne pourrait pas recevoir une utile application (voir page 80, *notes et documents*), vous utiliserez les fonds des caisses d'épargnes, etc.... Enfin, à notre avis, ce serait une puérilité de s'arrêter par la crainte de manquer de fonds. Devant un besoin aussi impérieux que la création des chemins de fer, il faut dire : *Les fonds nécessaires, on se les procurera, et si les voies et moyens ne sont pas arrêtés encore, on les arrêtera.* Mais, provisoirement, la France décide qu'elle aura 5 à 600 lieues de chemins de fer dans six ans, et rien ne pourra l'empêcher de les avoir, puisqu'elle le veut.

Voilà le langage qui convient à une grande nation, et la France le tiendrait, s'agît-il de milliards, s'il fallait défendre son honneur outragé.

Qu'elle mette donc une fois son honneur dans le développement des arts de la paix! Tout deviendra facile et se fera comme par enchantement.

Il en sera ainsi dans cette circonstance, et les petites vues ne prévaudront pas : nous en avons l'intime confiance.

NOTE N° 1.

Sur les secours à accorder aux compagnies des chemins de fer de Versailles.

La faute grave de l'établissement des deux chemins de fer de Versailles appartient bien plus au gouvernement qu'à l'industrie privée; car le devoir du gouvernement était de préserver celle-ci de l'engouement du moment et de la séduction du cours élevé des actions auxquels elle a succombé.

Une seconde faute, après celle de l'établissement des deux chemins, aurait été de ne pas venir au secours de la rive gauche; cette faute, le ministère du 12 mai ne l'a pas commise, et l'honneur en appartient tout entier à M. Dufaure qui sut vaincre les préventions des chambres.

Aujourd'hui, une troisième faute serait de ne pas venir de nouveau au secours des deux entreprises; car l'insuccès, en pareil cas, n'est pas seulement un malheur particulier : c'est un malheur public. Sans les désastres nombreux survenus dans ce genre d'entreprise, que de chemins seraient exécutés qui sont encore à faire!

C'est surtout parce qu'il importe que personne ne *se ruine* dans des entreprises si utiles au pays, que le système de la garantie d'un certain revenu par l'État, est essentiellement moral et politique, et qu'il se recommande à l'attention du législateur.

Or, maintenant que la folie de la création de deux chemins sur Versailles est un fait accompli, que faire pour la réparer ? Faut-il les continuer sur Chartres et sur Tours comme, dit-on, les compagnies en auraient le projet? Hélas! qui ne voit que le remède serait pire que le mal ! Le chemin d'Orléans achevé, ce serait tout bonnement renouveler la faute commise et la prolonger de tout l'excédant de distance qui sépare Versailles de Tours : au lieu de 5 lieues parallèles, on en aurait 30. Cette thèse ne soutient pas un instant l'examen d'une discussion impartiale et désintéressée.

Que faire donc ? Le voici :

1° Favoriser la réunion des deux compagnies, réunion qui aura d'excellents résultats en éteignant une concurrence ruineuse et diminuant notablement les frais d'exploitation.

2° Accorder la remise des intérêts du prêt de 5 millions pendant un certain nombre d'années.

3° Dégréver les compagnies de Versailles, ainsi que les autres, de toutes les charges injustes ou inutiles qui pèsent sur elles.

Si l'on ne peut pas faire que la construction des deux chemins n'ait entraîné une dépense double; si, par ce fait primordial, l'on ne peut pas assurer à cette entreprise le succès qu'elle eût obtenu, infailliblement, s'il n'y eût eu qu'un seul chemin de fer aboutissant au centre de Paris, au moins l'Etat, en agissant de la sorte, aurait-il réparé, autant qu'il dépend de lui, le dommage qu'une double concession a causé ; procéder ainsi, c'est le devoir du gouvernement, et nous savons qu'il le remplira. Il sera appuyé dans son projet par tous les bons esprits que n'aveuglent pas la haine et la jalousie contre l'industrie, bien que celle-ci ait à se reprocher, dans cette circonstance, une imprudence; ses amis eux-mêmes en font l'aveu.

NOTE N° 2.

Mesures à prendre relativement aux actions de chemins de fer garanties par l'État.

Indépendamment des motifs nombreux et déterminants que nous avons fait valoir en faveur du système de la garantie d'intérêt, pour le faire préférer à d'autres modes de subvention, nous croyons, dans l'intérêt de la circulation, devoir appeler de nouveau l'attention sur l'extrême importance qu'il y aurait à doter les actions des grandes entreprises de chemins de fer de ce caractère précieux d'effets publics que la garantie de l'Etat doit leur imprimer.

Bien que les avantages qui doivent en résulter, n'existent pas encore pour les actions de la ligne du chemin de fer d'Orléans, la seule qui jouisse de cette faveur, il est évident qu'à l'instar de ce qui se passe sur les actions de canaux garanties par l'Etat, qui, elles aussi, ont eu de la peine à recevoir leurs lettres de naturalisation à la Banque de France, et à la Caisse des dépôts et consignations, il est évident que ces établissements finiront, tôt ou tard, par recevoir les actions d'Orléans dans leurs caisses, et leur accorder les facilités que ces belles institutions de crédit prodiguent aux effets publics.

Les conseils d'administration de ces établissements, le jour où ils seront saisis de la question, ne pourront méconnaître que les intérêts qu'ils ont à défendre, aussi bien que l'intérêt public, sont d'accord pour leur faire adopter cette mesure, qui sera pour eux une cause de bénéfices plus ou moins considérables, sans aucun danger, en même temps qu'une facilité pour le public, facilité dont le développement des travaux public ne pourra que se bien trouver.

La combinaison que jadis j'ai indiquée, de faire concourir les caisses d'épargnes aux entreprises des travaux publics (le capital et un intérêt raisonnable, garantis par l'état, leur étant assurés) et de les faire participer ainsi aux avantages que ces entreprises doivent procurer à leurs intéressés, en même temps que ces caisses d'épargnes contribueraient pour une forte part à la formation des capitaux nécessaires, cette combinaison me paraît bonne; plus tard elle pourra recevoir une application qui produirait inévitablement les plus heureux résultats; sans compter qu'elle intéresserait plus directement encore qu'à présent, les classes ouvrières à la paix et à la prospérité publique.

Mais, évidemment, il faudrait auparavant que les grands établissements de crédit donnassent l'exemple de leur confiance en cette nouvelle dette publique, dont les titres pourraient s'appeler : *Les effets publics de la paix.*

Cette mesure que nous attendons des lumières et du patriotisme des administrateurs de la Banque et de la Caisse des dépôts, sera adoptée tôt ou tard, nous en avons la conviction : ce qui est vraiment bon et utile finit toujours par triompher.

NOTE N° 5.

MODÈLE D'UN TARIF MAXIMUM UNIFORME,

PRÉCÉDÉ ET SUIVI DE MOTIFS A L'APPUI.

(Extraits de l'*Appendice* au meilleur système).

—◅◦◦◦◦▻—

§ 1.

Liberté des tarifs, ou, tout au moins, fixation de maximum élevés
équivalant à la liberté.

La fixation des tarifs peut avoir une influence vitale sur le
résultat des entreprises, non pas que nous pensions que plus ils
sont élevés plus les produits sont grands; nous croyons que le
contraire a lieu en général; mais il est une foule de circonstances, soit momentanées, soit permanentes, qui peuvent exiger des modifications dans les tarifs, tant pour les personnes
que pour les marchandises. En un mot, *le meilleur tarif*, selon
nous, *est celui qui attire le plus de transports :* or, ce principe
admis, le tarif commence à devenir mauvais aussitôt qu'une
augmentation de prix est cause d'une diminution de produits.

Cela ne sera contesté par personne. Il ne le sera pas davantage que telle marchandise qui, voyageant par les diligences
pour arriver plus vite, et qui, sur les chemins de fer, obtiendrait

au moins une vitesse double, serait assez favorisée, si l'on diminuait les frais de transport dans la proportion de 4 à 1 ;

Si, pour les marchandises qui vont par le roulage accéléré et qui acquerraient une vitesse triple , l'on diminuait les frais de transport dans la proportion de 2 à 1 ;

Si, pour les voyageurs qui, dans les diligences à deux lieues à l'heure, paient, en moyenne, au moins 13 cent. par kilomètre, on réduisait les frais, pour faire dans le même temps quatre ou cinq fois plus de chemin , de 8 10 cent., selon les places qu'ils occuperaient;

Enfin, si, pour transporter à petite vitesse, avec les convois de marchandises, des masses d'hommes, des populations tout entières, on abaissait la dernière classe de transport à un prix infime, comme 3 ou 4 centimes par exemple.

Certes , l'intérêt public serait, de cette manière, amplement satisfait ; et d'ailleurs , il est de la dernière évidence qu'en France, où les communications gratuites sont si multipliées; où elles vont se multiplier encore par les services accélérés qui s'organiseront sur nos fleuves et nos canaux , lorsqu'on aura livré ceux-ci à une navigation facile et non interrompue (ce qui sans doute aura lieu bientôt), il est de la dernière évidence, disons-nous, que, l'usage des chemins de fer étant volontaire, on ne s'en servira qu'autant qu'on aura des motifs de préférer cette voie nouvelle : les compagnies seront par cela même obligées, dans leur propre intérêt , de calculer leurs tarifs de manière à ce qu'on use le plus possible des nouveaux chemins, lesquels, créés à grands frais, ne peuvent prospérer qu'à cette condition.

L'intérêt des Compagnies est donc en parfaite harmonie avec celui du public, qui, sans contredit, est de payer le moins possible; mais cependant assez pour que les entreprises, en prospérant, soient maintenues dans un état parfait d'entretien et de bonne administration, et se multiplient par le succès même.

Cela admis, la conséquence qui en découle est la liberté des tarifs.

Au reste, cette liberté existe partout où l'on a compris les avantages qui résultent d'un grand développement de travaux publics, et il n'y aurait aucune raison pour qu'en France, on ne fît pas ce qui a si bien réussi ailleurs. Mais une opinion diamétralement opposée a régné trop longtemps; cette opinion, faussée à dessein par ceux qui l'ont propagée, est encore trop récente, et le gouvernement, qui l'a partagée, est encore trop sous l'influence des ponts-et-chaussées, en ce qui touche ces questions, pour que nous osions nous flatter de voir le pays entrer, dès à présent, dans une voie aussi large et aussi féconde : ce serait trop demander à la fois, et nous nous bornons à constater que, dans l'incertitude complète où l'on se trouve sur le coût définitif des travaux et sur l'importance des transports réservés aux chemins de fer, il est vraiment absurde de vouloir fixer d'avance les tarifs. La seule marche raisonnable et logique, à défaut de la liberté, c'est de calculer des *maximum* de tarifs qui, en assurant au public une économie notable sur les voies actuelles, permettent aux compagnies, dans les limites de ces *maximum*, de se mouvoir selon les circonstances. Nous avons établi que l'intérêt véritable des compagnies était d'attirer sur les chemins le plus de transports possible; or, l'économie étant l'un des éléments les plus actifs de l'augmentation des transports, il est incontestable qu'un abaissement convenable des tarifs ne sera pas négligé par des administrations, je ne dis pas à la hauteur de leur mission, mais qui auront seulement le sentiment de leur intérêt.

De sorte que l'on trouve, dans cette combinaison, toutes les garanties désirables, en même temps que l'on n'impose pas, sans motif, des entraves à l'esprit d'association.

Dans le système de la garantie par l'État d'un *minimum* de revenu, une nouvelle raison à l'appui de notre opinion. que

chacun comprendra, c'est qu'il importe d'assurer aux compagnies des revenus suffisants, afin de rendre cette garantie nulle
et d'affranchir le Trésor de toutes charges pécuniaires. —Et ce
n'est pas un des moindres avantages de ce système, de faire
que le gouvernement soit amené, par le sentiment de son
propre intérêt, à accorder aux compagnies tout ce qui peut assurer leur succès. Or, des tarifs convenables en sont une des
conditions essentielles.

Nous nous résumons : puisqu'en France on n'est pas assez
avancé pour accorder, comme en Amérique, la liberté des
tarifs (liberté qui n'y a produit aucun des résultats domma-
geables qu'on redoute ici, on ne sait pourquoi), qu'au moins,
comme en Angleterre, on accorde des *maximum* de tarifs assez
élevés pour que les compagnies puissent se mouvoir en liberté
et fixer elles-mêmes, avec connaissance de cause, les tarifs qui,
en définitive, devraient être perçus (1).

Hors de la liberté ou de *maximum* élevés, il n'y a plus
qu'arbitraire et ténèbres, et ce n'est pas dans un pareil vague
qu'on doit procéder quand il s'agit des bases fondamentales
d'une entreprise. On le reconnaît généralement aujourd'hui ;
aussi pensons-nous que ce point est acquis, désormais, à la
législation des travaux publics.   (Mai 1839.)

(1) En Angleterre, les tarifs *maximum* sont presque uniformes ; ce n'est
que dans l'application que chaque compagnie leur fait éprouver des varia-
tions, selon les circonstances qui leur sont particulières. Le plus souvent,
le droit de péage seul est fixé, et les droits de transports sont laissés à la
discrétion des compagnies. Il existe cependant une limite extrême, pour le
péage et le transport réunis, que les compagnies ne doivent pas dépasser,
et au-dessous de laquelle elles se maintiennent toujours dans leur propre intérêt : c'est, par kilomètre, 25 cent. par voyageur, et 36 à 40 cent. par
tonneau. Quelle distance de nos tarifs de 7 1/2 et 16 cent.!

TARIF.	PRIX MAXIMUM.			OBSERVATIONS.
	Péage.	Transport.	Total.	
Par tête et par kilomètre.				
Voyageurs, non compris l'impôt dû au Trésor sur le prix des places — Voitures couvertes et fermées à glaces, suspendues sur ressorts. 1re classe	0 08	0 01½	0 12½	Soit par lieue 50 c.
Voitures couvertes et fermées à glaces, suspendues sur ressorts. 2e classe	0 07	0 03	0 10	40
Voitures découvertes mais suspendues sur ressorts. 3e classe	0 05	0 02½	0 07½	» 30
				Moyenne trois classes voyageurs par lieue.
Bestiaux — Bœuf, vache, taureau, cheval, mulet, bête de trait	0 10	0 05	0 15	» 60
Veau et porc	0 02½	0 01½	0 04	» 16 — par tête.
Mouton, brebis, chèvre				
Houille par tonne et par kilomètre	0 06	0 04½	0 12½	» 50 — par tonne.
Marchandises par tonne et par kilom. — 1re Classe. — Fontes moulées, fer et plomb ouvré, cuivre et autres métaux ouvrés ou non, vinaigre, vins, boissons, spiritueux, huiles, cotons et autres lainages, bois de menuiserie, de teinture et autres bois exotiques, sucre, café, drogues; épiceries, denrées coloniales, objets manufacturés	0 17	0 08	0 25	» 1 f.
2e Classe. — Blés, grains, farine, chaux et plâtre minerais, coke, charbon de bois, bois à brûler (dit de corde), perches, chevrons, planches, madriers, bois de charpente, marbre en bloc, pierres de taille, bitume, fonte brute en barres ou en feuilles, plomb en saumons	0 13	0 07	0 20	» 80 c.
3e Classe. — Pierre à chaux et à plâtre, moellons, meulières, cailloux, sable, argile, tuiles, briques, ardoises, fumier et engrais, pavés et matériaux de toute espèce pour la construction et la réparation des routes	0 13	0 05	0 15	» 60
				Moyenne trois classes marchandises par lieue et tonne 80 c.
Objets divers par tonne et par kilom. — Voitures sur plate-forme (poids de la voiture et de la plate-forme cumulés)	0 17	0 08	0 25	» 1
Wagon, chariot ou autre voiture destinée au transport sur le chemin de fer, y passant à vide, et machine locomotive ne traînant pas de convoi	0 17	0 08	0 25	» 1

Tout wagon, chariot ou voiture dont le chargement en voyageurs ou en marchandises ne comportera pas un péage au moins égal à celui qui serait perçu sur ces mêmes voitures à vide, sera considéré et taxé comme étant à vide.

Les machines locomotives seront considérées et taxées comme ne remorquant pas de convoi, lorsque le convoi remorqué, soit en voyageurs, soit en marchandises, ne comportera pas un péage au moins égal à celui qui serait perçu sur une machine locomotive avec son allége marchant sans rien traîner

NOTA. — Nous avons pris, pour base des maximum de tarif des voyageurs et des marchandises de pre[mière] classe, le prix des transports les plus économiques par les voies ordinaires actuelles, ainsi :

En diligence, la moyenne des prix est plus de . . . 12 1/2 c. par kilomètre et par voyageur.

Et par le roulage ordinaire on paie généralement. . 25 par kilomètre et par tonne.

De sorte que, par les chemins de fer, le *maximum* des prix les plus élevés serait l'équivalent des prix de t[rans]port les plus bas par les voies en usage actuellement.

La proportion, dans chaque classe, serait deux voyageurs pour une tonne de marchandise, sauf pour la hou[ille] dont, par exception, la tonne ne paierait que comme un seul voyageur.

(Voir les motifs à l'appui de ce projet de tarif.)

5

NOTES ET DOCUMENTS.

NOTE N° 4.

Motifs à l'appui d'une révision des conditions de tarifs imposés aux compagnies concessionnaires des grandes lignes de chemins de fer, et projet d'un tarif maximum uniforme.
(Extrait de l'*Appendice* au meilleur système, etc. 1839.)

L'étrange idée d'un abaissement excessif des tarifs, naguère si prônée dans les chambres par l'administration des ponts-et-chaussées, est appréciée aujourd'hui à sa juste valeur. Elle a dévoilé une pensée hostile à l'industrie privée, afin d'éloigner celle-ci de l'exécution des grands travaux publics. Maintenant que la chambre s'est prononcée d'une manière aussi décisive dans le sens opposé, il est permis d'espérer qu'on se livrera enfin à l'examen de la question, indépendamment de toute considération étrangère, — et cet examen impartial nous conduira à des résultats diamétralement contraires à ceux auxquels, sous l'empire des préoccupations qu'avaient fait naître l'influence intéressée de l'administration, on était parvenu à la session dernière.

Et d'abord, pour faire bien comprendre l'esprit des modifications graves que nous demandons, il importe d'établir nettement quelques principes généraux, d'où découleront naturellement les applications que nous voulons en faire, dans un intérêt général incontestable : celui du développement des entreprises d'utilité publique en France.

Ces principes généraux, les voici :

1° Les tarifs doivent, autant que faire se peut, être les justes rémunérateurs des risques que courent les compagnies en exposant leurs capitaux, et des peines qu'elles se donnent pour ouvrir au pays de nouvelles voies de communication.

2° Dans un pays comme la France, où de nombreuses communications gratuites existent déjà, il est évident que le public ne se servira des nouvelles voies qui lui seront offertes, qu'autant qu'il aura de bons motifs de leur accorder la préférence.

3° L'intérêt bien entendu des propriétaires des nouvelles voies, sera toujours d'y attirer le plus de transports possible.

4° L'économie des frais étant l'un des premiers éléments de succès, les propriétaires des nouvelles voies devront avoir constamment en vue la recherche de ce point juste du tarif où les produits nets sont le plus considérables. — Or, en raréfiant les transports à effectuer, l'élévation du tarif au-dessus de ce point dont nous parlions, est une cause de diminution et non d'augmentation des produits :

Le meilleur tarif est donc celui qui attire le plus grand nombre possible de transports donnant des produits nets.

5° Dans l'ignorance complète où l'on est, au début d'une entreprise, pour fixer le montant des dépenses, la masse des transports à effectuer et l'influence que le tarif peut exercer sur ces transports, il est absurde de fixer à l'avance les conditions rigoureuses et définitives de ce tarif.

6° Un bon tarif doit pouvoir varier sous l'influence d'une multitude de circonstances qu'une sage administration, aidée de l'expérience, peut seule apprécier.

7° Les nouvelles voies ont un intérêt évident à se raccorder avec les anciennes et celles-ci avec les nouvelles; car plus les communications s'étendent, plus s'augmentent les chances des transports et les produits.

Il résulte de ces principes incontestables, qu'il n'y aurait aucun inconvénient, mais, au contraire, toutes sortes d'avantages à ne pas fixer à l'avance des tarifs immuables dont les éléments sont inconnus, et à laisser aux compagnies le soin de débattre librement les prix, comme cela se pratique pour tous les autres modes de transport en usage en France.

En Amérique où, pour les chemins de fer, la liberté du tarif existe (bien que les voies ordinaires soient beaucoup moins multipliées qu'en France) , il n'en est résulté que des avantages et une grande simplicité dans tout ce qui concerne cette partie si embrouillée de nos cahiers de charges. Les parties, intéressées à s'entendre, se font mutuellement les concessions que commande leur intérêt commun. Et, en effet, pour avoir des voies de communication constamment en bon état et qui, dans l'intérêt de tous , se multiplient à l'infini, il faut que les tarifs soient assez élevés pour que les entreprises prospèrent ; d'un autre côté, cette prospérité ne peut être le prix que d'une modération des frais qui excitent à la plus grande locomotion possible.

Ainsi, la force des choses tend constamment à mettre d'accord le public et les compagnies, qui ont besoin les uns des autres.

Si donc l'opinion, au sujet des tarifs, n'avait pas été faussée, comme elle l'a été à dessein, on obtiendrait sans doute facilement la consécration du principe de la liberté des tarifs. Mais nous ne sommes pas encore assez avancés pour oser nous flatter d'une pareille victoire, et nous nous bornerons à demander des *maximum* de tarifs assez élevés pour que, dans ces limites, les compagnies puissent se mouvoir en toute liberté et arriver à la fixation des prix les plus convenables pour chaque portion du tarif, en ayant égard aux temps et aux circonstances qui peuvent et doivent faire varier quelquefois ces prix.

C'est, au reste, ce qui se passe en Angleterre, où l'on n'a recueilli que des avantages de cette pratique. Pourquoi en serait-il autrement en France, et pourquoi ne pas profiter de l'expérience de nos voisins ?...

En ce qui touche les embranchements et prolongements qui ont tant préoccupé la commission du chemin de Paris à Orléans, il tombe sous le sens que les compagnies auront un

intérêt direct et *réciproque* à s'entendre , tant pour la modération des prix que pour faciliter de tous leurs moyens la communication la plus rapide d'une extrémité de la ligne à l'autre.

Aucune stipulation à cet égard n'est donc nécessaire. Ainsi
disparaîtront, au moyen de tarifs maximum uniformes, toutes
les difficultés qu'on s'était créées à plaisir dans la discussion
des conditions de tarifs des chemins de fer.

Maintenant, pour fixer les maximum, quelle règle faut-il
suivre? Il faut, d'une part, que ces maximum soient suffisamment élevés pour ne laisser aucun doute sur la latitude qu'il
importe de laisser aux compagnies , et, d'un autre côté, qu'ils
ne laissent non plus aucune incertitude relativement à l'économie que ces mêmes maximum doivent offrir sur le mode de
transport actuel. C'est à cette double condition que l'intérêt
public sera pleinement satisfait, et il peut l'être facilement,
car rien n'empêche que l'on prenne, comme base de ces maximum (que la plupart du temps l'on abaissera de soi-même),
des prix qui offrent de notables économies sur les frais actuels.

Dans l'état actuel des choses :

Par les messageries, la tonne
de marchandise coûte. . .   4 fr. 50 c. ou 1 fr. 12 c. 1/2 par k.
Par le roulage accéléré . . .   1   50 à 60, ou 40 c.   *id.*
Par le roulage ordinaire . .   1   environ, ou 25 c.   *id.*

De sorte qu'un tarif maximum de 25 c. pour les marchandises de première classe répondrait au plus bas prix de transport par terre, actuellement en usage, et cela sans tenir aucun
compte de la célérité.

Et si l'on fait la comparaison des prix de transport par classe,
l'on aura :

1re classe. Pour les marchandises usant des messageries, une économie de. . . . . . .   4 1/2 p. 1
(C'est-à-dire que, pour le même prix, on
transporterait 4 fois et demi plus
d'objets.)

2° —   Pour celles usant du roulage accéléré,
id. de.   2   p. 1
(C'est-à-dire que, pour le même prix, on
transporterait le double plus d'objets.)

3° —   Pour celles usant du roulage ordinaire,
id. de. . . . , ...   1 2/3 p. 1
(C'est-à-dire que, pour le même prix,
on transporterait deux tiers plus d'objets.)

Ces économies, quoique calculées sur le maximum du tarif
seraient très considérables, comme on le voit.

Pour les voyageurs, on paie dans ce moment : en poste, au
minimum, trois lieues à l'heure, 75 c. par lieue, ou 18 c. 3/4 par
kil.; en diligence, deux lieues à l'heure, moyenne des places,
60 c. par lieue ou 15 c. par kilomètre : donc, si le maximum
des voyageurs de première classe était fixé à 12 c. 1/2, ce prix
serait tout au plus égal au prix le plus bas du mode de transpor
actuel; et si l'on fait la comparaison par chaque classe, il ap-
porterait une économie non moins considérable que pour les
marchandises, et ce, toujours abstraction faite de l'immense
avantage d'une célérité triple ou quadruple.

Ainsi les maximum étant fixés :

Pour la 1re classe à 12 1/2 c. par kilomètre.

»   2°   »   à 10   »   »
»   3°   »   à 7 1/2   »

cela produirait :

Pour les voyageurs en poste répondant à la première classe,
une économie de 1 sur 2, c'est-à-dire qu'ils feraient trois lieues

pour le prix qu'il en coûte pour en faire 2 actuellement ; pour les voyageurs en diligence occupant les premières places, ce qui répond, pour le chemin de fer, à la seconde classe, une économie semblable ; c'est-à-dire que les voyageurs feraient trois lieues pour le prix de deux ; enfin, pour les voyageurs en diligence occupant les dernières places, ce qui répond pour le chemin de fer à la troisième classe, cela amènerait une économie plus grande encore : les voyageurs parcourraient cinq lieues pour le prix de trois lieues.

Il résulterait donc des prix proposés (qui, comme maximum, seraient la limite extrême des frais de transport) de très-notables économies, et ces prix pourraient, sans inconvénients, devenir une *base uniforme* pour toutes les compagnies de chemins de fer ; car ce mode, qui laisserait toute sécurité sur l'avenir de ces entreprises, trancherait d'un coup toutes les difficultés que soulève la question des tarifs, chaque fois qu'il est question de les établir d'une manière stable et définitive.

Et cette fixation n'aurait rien d'arbitraire ou qui ne pût se justifier par de bonnes raisons.

En Amérique, quand (ce qui arrive quelquefois, mais rarement) l'on prescrit des limites à la liberté des tarifs, les prix fixés sont égaux aux prix des transports par la route ordinaire, avec faculté de les relever si le produit du chemin ne donnait pas 15 pour cent des capitaux employés.

En Angleterre, pour le chemin de Londres à Birmingham, le seul qui puisse être comparé à nos grandes lignes concédées, on a fixé des maximum de tarifs bien autrement élevés que ceux demandés : le péage seul est réglé par le parlement ; les frais de transport sont librement fixés par les parties intéressées. Une seule restriction a été mise à cette faculté de fixer librement les frais de transport : « Il n'est permis ni à la compagnie, « ni à aucune autre personne exploitant le chemin, d'exiger, tout compris, plus de 23 c. par kilomètre et par voyageur ;

c'est-à-dire un taux à peu de chose près le double du maximum proposé pour les voyageurs de première classe en France ; il est vrai que d'eux-mêmes, les administrateurs du chemin, à l'exemple d'autres entreprises semblables, paraissent disposés à abaisser ce chiffre, dans l'espoir d'obtenir plus de transports et d'avoir plus de produits ; et ils auront raison de le faire.

Pour les marchandises, le *péage* seul est fixé; il varie de 6 c. 1/4 à 19 c. 3/4, mais les frais de transport exigés sont considérables et font ressortir le tarif à des prix bien supérieurs aux maximum fixés par nous.

Enfin, le chemin de Liverpool à Manchester a aussi des maximum de tarif bien supérieurs aux nôtres, c'est-à-dire environ 36 cent. pour la marchandise, péage et transport compris, et environ 12 cent. 1/2 pour le seul péage des voyageurs. Mais, dans la pratique, il ne perçoit, en moyenne, que 25 cent. par tonne, et 12 c. 1/2 par voyageur, soit justement notre maximum pour les premières classes de voyageurs et de marchandises(1). La moyenne des maximum demandés serait 20 cent. pour les marchandises et 10 cent. pour les voyageurs, soit 20 p. 0/0 au-dessous du prix moyen perçu sur le chemin de fer de Liverpool à Manchester. Mais il n'y a aucun doute que, dans son propre intérêt, la Compagnie abaisserait beaucoup ces prix, notamment en ce qui concerne les classes inférieures qu'une bonne administration doit attirer en masse par le bon marché.

Nous avons aussi apporté des changements aux articles isolés du tarif, comme la houille, les animaux, les voitures à vide, etc. ; mais l'on remarquera que ce sont des maximum qu'il s'agit de fixer, et, d'ailleurs, la comparaison des prix accordés

(1) Depuis quelque temps, la Compagnie a relevé ses prix : elle les a portés de 5 s. 6 d. et de 5 s. 6 d. à 6 s. 6 d., sur les voyageurs de première et deuxième classe, soit à 14 c. 1/3 par kil. en moyenne.

à la compagnie de Londres à Birmingham justifie complétement l'augmentation indispensable réclamée (1).

Il n'y a donc aucune objection raisonnable à faire aux chiffres que nous indiquons comme maximum des tarifs à accorder aux compagnies concessionnaires des grandes lignes de chemin de fer.

Il eût peut-être été plus naturel de ne fixer, comme en Angleterre, que le droit de péage des marchandises et des voyageurs, sauf à laisser le public et les compagnies se débattre pour les frais de transport ; mais la méthode de diviser le tarif en deux fractions s'étant établie ici, nous l'adoptons aussi ; cette division est, au surplus, sans inconvénient au moyen des maximum. En définitive, l'adoption du tarif-maximum proposé nous paraîtrait devoir concilier tous les intérêts et résoudre toutes les difficultés.

(1) On n'est pas frappé d'un médiocre étonnement quand on lit dans l'exposé des motifs des grands chemins de fer du 15 février 1858, (page 7) que les frais d'exploitation et de traction d'un chemin de fer à une vitesse de 4 lieues s'élèvent de 7 à 7 c. 1/2 par tonne et par kilomètre ; or, dans les tarifs contre lesquels les compagnies sont en réclamation, on n'a accordé pour les frais de transport de la houille que 04 c. et pour les autres marchandises que 05,06,07 c. selon la classe à laquelle elles appartiennent : de sorte que l'administration constituait sciemment et volontairement les compagnies en perte.

NOTE N° 5.

Précis analytique de l'ouvrage intitulé du meilleur système à adopter pour l'exécution des travaux publics en France, et notamment des grandes lignes de chemins de fer, par F. Bartholony (mars 1838.)

CHAPITRE PREMIER.

L'industrie appliquée aux voies de communication, est la plus importante de toutes. —Citations d'auteurs célèbres à l'appui. —La France a devancé l'Angleterre dans la canalisation de son sol, mais elle s'est arrêtée en chemin, et, aujourd'hui, l'Angleterre a laissé bien loin derrière elle, la France, sa rivale.—Les États-Unis d'Amérique, quoique nés d'hier, sont les plus avancés dans cette carrière. — Causes de cette infériorité de la France. — Les moyens de la faire cesser se trouvent : 1° *dans une refonte du code administratif des ponts-et-chaussées ; et 2° dans l'adoption d'un bon système financier appliqué aux travaux publics.*

CHAPITRE II.

L'utilité, sinon la nécessité, de créer un vaste réseau de chemins de fer et de canaux étant reconnue, quels sont les meilleurs moyens d'y parvenir?—Comparaison entre les voies anciennes dites *gratuites,* et les nouvelles, *sujettes à péages.* Elle est toute en faveur de ces dernières : les nouvelles voies sont beaucoup plus économiques; *elles sont plus que gratuites,* s'il est permis de s'exprimer ainsi, et il faudrait les établir partout, aussi bien dans les pays pauvres que dans les pays riches, si une grande circulation n'était pas un élément essentiel du problème : » *Les* « *anciennes voies coûtent à créer et à entretenir, et sont d'un usage* » *moins avantageux, sous tous les rapports, que les nouvelles voies,* » *qui se créent en quelque sorte et s'entretiennent d'elles-mêmes,* « *c'est-à-dire sans aucune charge pour l'État.* » Ce fait, à lui seul, établit une immense différence entre elles.

A peu d'exceptions près, c'est à l'industrie privée, appuyée au besoin du crédit de l'État, que doit être confiée l'exécution des voies nouvelles.—Motifs qui doivent lui faire obtenir la préférence sur l'administration des ponts et chaussées.—L'Angleterre a constamment agi ainsi et s'en trouve bien. Le gouvernement ne doit exécuter lui-même que les travaux d'utilité générale refusés par l'industrie privée, nonobstant la garantie d'un minimum de revenu.

CHAPITRE III.

Réfutation des objections faites au système de la compagnie des chemins de fer du Nord. — L'administration n'a rien fait pour attirer les notabilités commerciales dans les travaux publics; au contraire elle a tout fait pour les en éloigner. — Elle a essayé (sans succès heureusement) une fausse application des systèmes de la subvention en argent et de la garantie d'un minimum de revenu.

§ 1er.

Réfutation, une à une, des objections faites, dans la discussion générale des chemins de fer (session 1837), au système des concessions.

D'abord, nous ne savons ce qu'on entend par lignes politiques et lignes non politiques. C'est un mot imaginé pour écarter l'industrie privée.—Politiques ou non, le gouvernement peut faire aux actes de concession telles réserves que l'intérêt public peut exiger.—En cas de force majeure, le gouvernement est maître de toutes les lignes; et d'ailleurs, la clause de rachat lui ouvre la faculté permanente de devenir propriétaire, à des conditions équitables, fixées d'avance, de tous les ouvrages, *quand et si cela lui convient.* L'idée de livrer les nouvelles voies sans péage ou avec un très faible péage, est une idée radicalement fausse et qui aurait les plus déplorables résultats. — Elle transformerait en charge publique les avantages que le transit est appelé à procurer au pays, et porterait une grave atteinte aux revenus de l'État.—Elle arrêterait court le développement de l'esprit d'association appliqué aux travaux publics. — Les tarifs ne peuvent être uniformes que dans la fixation de maximum.— Le monopole redouté des compagnies est impossible. — Les ingénieurs de l'État prendraient une large part aux travaux. Les concessions à perpétuité sont les seules justes; le retour à l'État, à une époque quelconque, sauf le cas de sa participation dans les chances de l'entreprise, est une spoliation déguisée. Cette condition de confiscation, qui semble passée récemment dans notre droit public, est exclusive de tout bon système d'encouragement des travaux publics.

Admission de la clause du rachat à des conditions équitables et fixées d'avance; non que nous pensions que l'on doive jamais en faire usage, mais comme moyen de faire disparaître les fantômes au moyen desquels on s'était flatté d'éloigner l'industrie privée des grands travaux publics.

Les concessionnaires doivent gérer l'entreprise, au moins jusqu'après l'achèvement des travaux.

Le cautionnement est une garantie tout à fait illusoire et inutile. On ne l'exige qu'en France et par suite des fausses idées qu'on s'est faites sur les *autorisations* improprement nommées concessions.

§ 2.

Réfutation des objections spéciales faites au système de la garantie par l'État d'un minimum de revenu.

Cette garantie doit être accordée, à titre d'encouragement, à toutes les grandes entreprises d'utilité publique dont l'État voudrait l'exécution; non dans l'intérêt des concessionnaires, mais surtout, et, avant tout, dans l'intérêt général.

Elle facilite la réunion des capitaux, assure l'achèvement des travaux, ne laisse rien à l'arbitraire ni à la corruption. Ce mode d'encouragement est le moins favorable à l'agiotage, et met le plus à l'abri des crises violentes qu'un grand développement de travaux publics pourrait justement faire redouter.

Conditions de ce système.

La garantie doit porter sur la somme réellement dépensée. On pourrait néanmoins limiter cette somme par un maximum élevé, qu'il serait toujours dans l'intérêt bien entendu des compagnies de ne jamais atteindre; car, évidemment, les compagnies seraient les premières intéressées à dépenser le moins possible.

En ce qui concerne les dépenses, si l'État exécutait lui-même, il n'échapperait pas davantage aux erreurs de devis de ses agents, avec cette différence qu'il ne pourrait pas, comme dans le système des compagnies garanties, restreindre ses dépenses à une limite maximum.

L'État ne garantirait jamais au delà de 4 pour cent, amortissement compris, quel que fut le sort de l'entreprise; et si, parce que les revenus ne suffiraient pas pour couvrir les frais d'exploitation, la compagnie venait à cesser son service, de droit et de fait l'État deviendrait propriétaire du chemin, pour en disposer comme de chose lui appartenant.

Si elle était réduite à la dure nécessité de recourir à la garantie de l'État, la compagnie n'ayant dans ce cas que 3 p. cent d'intérêt de ses capitaux, ses actions perdraient 20 à 25 p. cent. Ce fait suffit à lui seul pour expliquer comment la garantie n'aurait jamais pour effet de refroidir le zèle des administrateurs. Évidemment, les compagnies garanties feraient tous leurs efforts pour éviter de recourir au Trésor public ou pour sortir de cette fâcheuse situation, si elles s'y trouvaient. Là est la réponse à la crainte mal fondée que les compagnies n'auraient aucun intérêt à bien administrer, assurées qu'elles seraient d'un bon revenu. Le gaspillage dans les sociétés anonymes bien administrées, est impossible. L'application d'une portion des produits à des améliorations serait, en définitive, dans l'intérêt de l'État lui-même, puisque ces améliorations, en augmentant les produits, le soustrairait aux chances de la garantie, et profiteraient au chemin qui doit finalement faire retour à l'État.

Le système de la garantie d'intérêt *à un taux aussi modéré* ne provoque donc aucune objection sérieuse, et rien n'empêcherait qu'on n'en fît une large application, surtout en procédant successivement et par voie d'essais.

§ 3.

Des motifs qui devraient faire adopter le système d'encouragement
de la garantie d'intérêt.

Comparaison de la garantie d'intérêt avec la subvention, argent.—Inconvénients de celle-ci.—A toutes sortes de titres, la préférence doit être accordée à la garantie d'un minimum de revenu. — Chemin de Belgique concédé à M. Cokerill pris pour exemple. — La subvention de 20 millions qui lui était accordée mise en réserve à l'intérêt composé, offrait à l'État les chances les plus probables d'un grand bénéfice, à l'expiration de la garantie d'un minimum de revenu qui aurait pu lui être substitué. — Calculs à l'appui. — Par ce mode, on n'accorde de secours qu'aux compagnies qui en ont réellement besoin et dans la juste mesure de leurs besoins. — En se classant rapidement dans le portefeuille des rentiers, les actions garanties par l'État ne resteraient pas flottantes sur la place comme les autres actions industrielles, et, par le fait même de ce classement, le champ de la spéculation serait aussi restreint que possible.

La garantie doit être uniformément de 4 pour cent pendant quarante-six ans. Les compagnies qui jouiraient de cet avantage devraient être tenues de créer des actions portant 3 pour cent d'intérêt, remboursables au pair, moyennant un amortissement de 1 pour cent, et cela, afin de leur donner le caractère précieux d'effets publics, et de permettre aux établissements de crédit, comme la Banque de France, la Caisse des consignations, par exemple, de les recevoir en nantissement de leurs avances, lesquelles viendraient fort à propos augmenter le montant des capitaux circulants, au moment où de grands travaux pourraient rendre cette augmentation nécessaire. — Faire participer les nouvelles actions à tous les avantages des effets publics, en ce qui concerne la facilité des mutations de propriété, est la pierre angulaire de l'édifice.

On s'effraierait à tort de la durée de la garantie (quarante-six ans,.—Pourquoi.—Si le gouvernement se décidait en faveur de ce système, il fonderait, au grand profit du pays, une sorte de dette publique que l'on pourrait appeler *dette publique temporaire et conditionnelle*, créée pour l'encouragement des grands travaux publics.

Ce serait le grand-livre de la dette de la paix.

En supposant les éventualités les plus fâcheuses, et que la somme énorme de 2 milliards garantis aurait été employée en

travaux publics, cette dette pourrait s'élever, par supposition, à
40 millions par an, et pendant quarante-six années; mais outre
qu'il est impossible d'admettre que la moitié des travaux exécutés resteraient pendant quarante-six ans sans donner *aucun* produit; outre qu'une partie des entreprises, revenues à un état plus
prospère, seraient appelées à rembourser, au moyen de l'exé-
dant de revenus, s'élevant à 6 pour cent, tout ou partie des
avances antérieures qui leur auraient été faites par le Trésor,
rien ne serait plus facile que d'opposer à cette dette un fonds de
réserve spécial, créé avec les revenus provenant directement
des travaux exécutés, comme on le verra plus loin, et ce, sans
tenir compte des produits indirects que ces grands travaux feraient surgir en foule, et qui viendraient se confondre avec les
revenus de l'État. Quant aux économies annuelles que ces voies
nouvelles procureraient au commerce, à l'industrie et à l'agriculture, c'est les évaluer bas que de ne les porter qu'à 300
millions, chiffre qui néanmoins peut paraître énorme.—calculs
à l'appui.

Les motifs les plus puissants se réunissent donc pour l'adoption du système de la garantie d'un minimum de revenus par
l'État, système qui aurait pour effet de pousser à un grand développement des travaux publics, sans risque d'aucunes pertur-
bations dans les finances de l'État ou dans la fortune des particuliers.

CHAPITRE IV.

**Création d'un fonds spécial pour subvenir à l'éventualité des garanties ac-
cordées aux compagnies concesionnaires de grands travaux publics.**

Nous avions établi, dans notre premier mémoire, qu'on
pourrait subvenir aux charges possibles d'un milliard dépensé
en travaux, moyennant la création immédiate d'une annuité de
6 millions, payables pendant quarante années environ; d'où

il suit que la création immédiate d'une annuité double aurait pu couvrir les éventualités possibles (je ne dis pas probables) de 2 milliards employés en travaux publics. Mais sans charger le présent et sans craindre d'embarrasser l'avenir, il est possible, comme nous l'avons dit, de satisfaire à toutes les exigences de la prudence : c'est en créant un fonds spécial de réserve au moyen des bénéfices qui résulteraient pour le Trésor des ouvrages exécutés. Ainsi, par exemple, au moyen :

1° Du bénéfice sur la solde des troupes employées aux travaux ;

2° Des droits d'entrée de rails et machines locomotives venant de l'étranger, comme il sera expliqué plus loin ;

3° De l'augmentation infaillible du droit perçu sur les voyageurs ;

4° Des droits d'enregistrement fixes ou proportionnels de tous les actes relatifs aux travaux des compagnies garanties;

5° Des économies nombreuses sur différents services de l'État provenant de l'établissement des nouvelles voies de communication.

6° Des remboursements qui pourraient être faits par des compagnies revenues à un état plus prospère.

D'après des appréciations qui ne sont nullement exagérées, ce compte de réserve se trouverait doté de 15 à 20 millions annuels, qui feraient retour à l'État après l'expiration des garanties accordées, tout aussi bien que les chemins de fer ou canaux créés par ce moyen, après l'expiration des concessions.

De plus, l'État aurait économisé toutes les subventions d'argent, qu'en l'absence du système de garantie, il aurait probablement dû accorder.

Enfin, l'on pourrait enrichir ce compte de réserve d'une portion des bénéfices que procurerait au Trésor la réduction de l'intérêt de la dette publique. Ce serait, certes, le meilleur usage qu'on pût en faire. De cette manière, on moraliserait, même aux yeux des rentiers, une mesure utile, nécessaire, mais qui leur paraîtra toujours bien dure, quelque juste et légitime qu'elle soit.

Ainsi, il ne serait raisonnablement pas permis de concevoir la moindre appréhension pour l'avenir, et de craindre que le système d'une garantie d'intérêt pour l'encouragement des grands travaux publics puisse jamais compromettre les finances du royaume.

CHAPITRE V.

De la prise de possession immédiate des terrains expropriés.

Bien que la nouvelle loi d'expropriation pour cause d'utilité publique ait beaucoup amélioré la situation des entrepreneurs de grands travaux, néanmoins, à la veille d'un grand développement de l'esprit d'association, une disposition législative qui permettrait de prendre possession, dans un bref délai, des propriétés frappées d'expropriation pour cause d'utilité publique (sauf à régler plus tard le chiffre exact de l'indemnité due légalement), moyennant le paiement d'une indemnité préalable suffisante; une telle loi, dans les circonstances nouvelles où nous voulons nous placer, serait de la plus haute importance, sans nuire en rien au droit sacré de la propriété.

Elle faciliterait, accélérerait les travaux, et elle paralyserait les spéculations illicites sur les propriétés susceptibles d'expropriation, en faisant tomber toutes les prétentions exagérées.

Ce serait un puissant secours accordé aux entrepreneurs de travaux publics, sans qu'il en coûte rien à personne.

CHAPITRE VI.

*De la transaction à faire relativement aux droits d'entrée sur les rails et ma-
chines locomotives venant de l'étranger.*

Les belles théories de la liberté commerciale font de jour en
jour des progrès.— On comprend mieux aujourd'hui que cette
liberté n'est autre chose que *la division du travail entre les nations*. L'essai si heureux de l'association allemande, association
qui a réalisé cette liberté pour vingt-cinq millions d'habitants,
resserrés naguère par des lignes de douanes entassées les unes
sur les autres, cet essai parle haut en faveur de la liberté commerciale.

Toutefois, trop d'intérêts sont engagés dans la question
pour qu'en France l'on ne procède pas avec les plus grands
ménagements, et le mode le plus sage, selon nous, serait d'a-
dopter, *dès à présent*, une échelle graduelle et décroissante des
droits, calculée sur les besoins et les exigences de chaque industrie, de manière à ce que le consommateur ne restât pas
condamné à *perpétuité* à payer plus cher une marchandise
moins bonne qu'il ne pourrait se la procurer *en commerçant
avec ses voisins*. La liberté commerciale, c'est le plus grand
développement possible du commerce, autrement dit, des
échanges entre tous les peuples de la terre.

En ce qui touche les rails et les machines locomotives,
comme il s'agit de besoins nouveaux autant qu'imprévus, on
pourrait assurément, sans manquer en rien à la protection
promise aux établissements métallurgiques français, accorder
leur entrée en franchise de droits, ainsi qu'on l'a fait en Amérique et ailleurs, dans le but d'encourager ces utiles créations
de chemins de fer. Toutefois, comme cette mesure donnerait

lieu, dans l'état actuel des esprits, à de vives réclamations ;—
qu'il est juste de reconnaître que l'industrie du fer est en progrès ; — qu'une très grande consommation ne saurait manquer
de l'améliorer de plus en plus ;— que d'ailleurs cette industrie
est l'un des plus grands éléments de prospérité des voies de
transport, dont il importe, aussi, d'encourager le développement ; — enfin, que les droits perçus viendraient augmenter d'autant le fonds de réserve destiné à l'encouragement
des grands travaux publics—proposition d'une transaction qui
concilierait tous les intérêts.

Il faudrait adopter un tarif régulateur qui établît pour l'usine
étrangère le prix maximum de 360 francs, c'est-à-dire, faire
en sorte, au moyen du droit d'entrée, que l'étranger ne pût
pas livrer son fer, en France, au-dessous de 360 francs, prix
auquel les maîtres de forges français ont dit pouvoir fournir
tous les fers nécessaires. De cette manière, le renchérissement
des prix, la mauvaise qualité ou la pénurie des fers ne seraient
plus à redouter, et la concurrence intérieure ne pourrait s'exercer que dans le sens le plus favorable, celui de l'abaissement
successif des prix.

CHAPITRE VII.

De la fixation des tarifs.

La question des tarifs est une question vitale et qui généralement a été mal appréciée. — C'est en grande partie la faute
de l'administration. En poussant à l'avilissement des tarifs et
même à la suppression des péages, les ponts et chaussées allaient directement à leur but : *le monopole de tous les travaux
publics*. En effet, il n'y a pas d'entreprises possibles par l'industrie sans des tarifs rénumérateurs.

En Amérique, il y a liberté entière ; en Angleterre, des maximum de tarifs qui sont l'équivalent de cette liberté. Il n'y a, que nous sachions, aucune raison pour qu'en France l'on procède autrement qu'on ne fait dans des pays qui nous ont précédés dans la carrière, et qui recueillent de si grands avantages du mode qu'ils ont adopté.

Un mauvais tarif peut ruiner de fond en comble une entreprise, sous tous les autres rapports, dans les plus brillantes conditions de succès. Exemple : *Chemin de fer de Saint-Étienne à Lyon.* Une simple modification dans son tarif le ferait passer à l'état le plus prospère. Pousser aux tarifs trop bas, c'est donc pousser à la ruine de l'industrie privée, sans intérêt et sans utilité pour personne.— Ce qui importe à tous, c'est que les entreprises prospèrent et par là se multiplient. Ceci est beaucoup plus important qu'un tarif plus haut ou plus bas de quelques centimes, et cela d'autant que l'on peut établir diverses classes de marchandises et de voyageurs, et que le moyen d'attirer beaucoup de transports c'est que le prix en soit modéré. On gagne souvent à diminuer les droits; mais il faut que l'expérience préside à toutes les délibérations à ce sujet, et ne pas opérer, comme aujourd'hui, sur des inconnus.

La liberté des tarifs, ou, si les idées ne sont pas encore à cette hauteur, la fixation de maximum suffisamment élevés : tels sont les moyens de satisfaire a l'utilité publique et de laisser aux compagnies la latitude qui leur est nécessaire pour chercher et trouver le point juste où les tarifs ne sont ni trop hauts ni trop bas. L'administration et les Chambres ont opéré au hasard, et les résultats de cette manière de procéder en une matière aussi grave, ont été ce qu'ils devaient être.

CONCLUSION.

L'application de la vapeur à la locomotion est la découverte du siècle. Qui sait les immenses changements dont elle doit être suivie! Dans cet état de choses, la France ne peut rester stationnaire au milieu du mouvement qui s'opère autour d'elle.

Il faut qu'elle entre enfin dans la nouvelle et pacifique carrière ouverte chez tous les peuples industrieux.

Selon nous, le moyen d'y entrer, c'est une réforme du Code administratif et un appel franc et loyal à l'industrie privée, aidée du crédit de l'État.

Puis, l'exécution, par le Gouvernement, de tous les travaux d'utilité générale qui, par l'incertitude des revenus où la difficulté des travaux, seraient hors de la portée de l'industrie privée.

NOTE N° 6.

Fragment de l'APPENDICE au meilleur système.

§ 10.

Ce que l'Administration a fait et ce qu'elle aurait dû faire.

Dans les paragraphes qui précèdent, nous avons exposé les conditions principales d'un système dont nous poursuivons, depuis cinq ans, l'adoption, comme devant réaliser tout ce qu'on peut espérer de mieux en fait de travaux publics.

Ainsi, nous avons dit qu'il fallait :

1° Renoncer à l'adjudication publique des grandes entreprises et, dès-lors, au dépôt d'un cautionnement qui devient une formalité gênante, autant qu'inutile, dans le cas de la concession directe.

2° Accorder les concessions à perpétuité ou en limiter, d'une manière uniforme, la durée à quatre-vingt-dix-neuf ans, quand le gouvernement accorde quelque faveur à la compagnie concessionnaire, comme, par exemple : une subvention, un prêt, ou une garantie de revenu.

3° Accorder une garantie de 4 pour cent de revenu, dont 3 pour cent d'intérêt et 1 pour cent d'amortissement, pendant quarante-six ans, à toutes les grandes entreprises d'utilité publique que le gouvernement voudrait encourager, et que cette garantie portât sur le capital dépensé, y compris le service des intérêts à 4 pour cent, pendant la durée des travaux; et, comme la Chambre ne pourrait pas voter des sommes illimilées, qu'il fallait renfermer les dépenses dans des maximum suffisamment élevés, pour que les compagnies eussent la chance probable de rester au-dessous ; ou plutôt on pourrait, dans la loi même (dans le cas d'insuffisance du capital social), accorder aux compagnies la faculté d'emprunter et le droit de prélever sur les produits bruts les moyens de subvenir aux charges des emprunts contractés.

4° Que le gouvernement ne s'opposât aux conditions de tracé et d'exécution des travaux des compagnies, qu'autant que ceux-ci seraient en opposition avec la sécurité publique.

5° Qu'à défaut de la liberté absolue des tarifs, les compagnies pussent se mouvoir dans des maximum élevés.

6° Qu'à défaut de la franchise de droits sur les fers et sur les machines nécessaires à la construction et à l'exploitation des chemins de fer, il fallait adopter un tarif régulateur qui, en protégeant l'industrie nationale, affranchît cependant les compagnies concessionnaires des chances d'une insuffisance de fer et de machines, ou d'un renchérissement des prix actuels.

7° Que les propriétés frappées par la loi d'expropriation pour cause d'utilité publique, puissent être livrées aux nouveaux propriétaires, dans un bref délai, sauf à prendre toutes les mesures conservatrices, jusqu'à réglement définitif de l'indemnité.

8° Enfin, que les compagnies fussent autorisées à intéresser tous les agents actifs au succès de l'entreprise, par la création d'actions bénéficiaires *sans droits aucuns avant le remboursement, en capital et intérêt, des actions financières.*

Voilà, selon nous, ce qu'on aurait dû faire pour donner à l'esprit d'association, en France, une grande impulsion et un développement vaste et utile.

Voici ce qu'on a fait :

On a découragé tant qu'on l'a pu, et de mille manières, l'industrie privée : la prétention de monopole, avouée des ponts et-chaussées, justifie assez cette assertion pour que nous ne croyions pas avoir besoin d'insister. Lorsque, vaincue dans ses derniers retranchements, l'administration a dû céder et accorder des concessions de grandes lignes à des compagnies particulières, voici quels sont les principes que, de tout son pouvoir, elle a cherché à faire prévaloir (admis ou non par les Chambres, ces principes étaient naguère encore l'expression de la pensée de l'administration des ponts-et-chaussées.)

— Adjudication publique ; obligation d'un cautionnement de plus en plus considérable, et sa confiscation, ainsi que des ouvrages commencés, en cas de non achèvement.

— Gêne, aussi grande que possible, dans toutes les conditions d'exécution.

— Durée des concessions aussi limitée que possible.

— Révision des tarifs laissée, après de courts délais, à l'omnipotence de l'administration.

— Rachat volontaire pour l'État, obligatoire pour les compagnies ; mais, à la vérité, à des conditions justes et équitables.

— Limite des bénéfices à 10 pour cent.

— Transport gratuit, au profit de l'État des lettres ; à moitié prix des troupes, etc., etc.

Tel est l'esprit, hostile il faut le dire, qui a présidé à la rédaction des cahiers de charges et des lois de concession de grands travaux publics à des compagnies.

On les a traitées, non comme des auxiliaires utiles, mais comme des ennemis dont on ne saurait jamais trop se méfier.

Ce n'est pas ainsi que les Anglais et les Américains envisagent la concession d'une route en fer ou d'un canal ! Ils la considèrent comme une *autorisation* de faire un établissement d'utilité publique, et non comme l'octroi d'une faveur ; et cette propriété, quand elle est créée, on la respecte à l'égal de toutes les autres : ainsi, perpétuité de la concession.

En cas d'insuccès, aucune pénalité, ni avant, ni pendant ›

ni après les travaux. Si le délai accordé pour l'achèvement de travaux, s'écoule sans qu'on ait travaillé, on perd simplement le droit à l'autorisation accordée ; ou, si l'entreprise n'est pas entièrement achevée, ce droit est perdu pour la partie non exécutée, mais on conserve la propriété de la partie exploitée.

Enfin, la compagnie fixe les tarifs librement ou à peu près, et elle est autorisée, mais non obligée, à faire les transports, ce qui lui donne le droit de refuser les objets qui, par leur volume ou leur nature, seraient dangereux ou onéreux à transporter. La concurrence des transports, par diverses compagnies, existe en théorie, mais non en fait. Du reste, l'on n'a rien prévu que de bien à cet égard ; on suppose que les compagnies s'entendront pour le prix, mais on n'autorise la circulation libre des voitures, qu'après l'approbation préalable de l'ingénieur de la compagnie.

Quand une compagnie se trouve gênée, le gouvernement lui vient en aide ; il lui prête à des conditions fort douces et à long terme les capitaux qui lui sont nécessaires ; enfin, loin de chercher à nuire aux compagnies, ou à limiter leurs bénéfices, le gouvernement fait tout ce qui dépend de lui pour assurer aux entreprises le plus grand succès possible.

Il serait bien temps que le gouvernement français se pénétrât enfin de ces principes fécondants. Au reste, il va lui être facile de faire connaître ses véritables intentions à l'égard de l'industrie privée (1): nous l'attendons au jugement qu'il portera

---

(2) La création récente d'un ministère des travaux publics nous remplit d'espoir. Ce ministère peut, avant qu'il soit longtemps, devenir, de tous les ministères, le plus important; et il le deviendra si, comme il est permis de l'espérer' il est enfin occupé par un homme qui comprenne la grandeur de sa mission. C'est en effet du côté des travaux publics que se dirigent la sève et l'énergie nationales; et ce qu'étaient, sous l'Empire, les ministères de la guerre et des affaires étrangères, de nos jours. le ministère des travaux publics doit le devenir' Il ne faut que le vouloir.

sur les réclamations des compagnies, en instance auprès de lui pour faire réformer les conditions intolérables qu'on leur a imposées.

(Suite de cette note écrite en 1839.)

10 Janvier 1842.

Afin de mettre nos lecteurs à même d'apprécier le progrès notable opéré dans les vues de l'administration relativement aux encouragements à accorder à l'industrie, pendant les deux années qui se sont écoulées depuis la publication du chapitre qui précède, nous allons mettre sous leurs yeux l'inventaire, en quelque sorte, de ce qui a été fait et de ce qui reste à faire pour compléter l'ensemble des mesures que nous avions proposées.

1° On a renoncé au système des adjudications publiques pour les grandes entreprises; et comme en toutes occasions, l'on a rendu les cautionnements fournis, on cessera sans doute désormais d'en exiger dans tous les cas de concession directe.

2° On a consacré le système fécond de la garantie d'intérêt en l'accordant à la compagnie d'Orléans, et cet essai que justifiera le succès, prépare à ce mode puissant d'encouragement le plus heureux développement.

3° On a permis, le service des intérêts aux actionnaires pendant la durée des travaux, à un taux raisonnable (4 0/0).

4° On a supprimé la limite imposée aux bénéfices des compagnies.

5° L'administration des ponts-et-chaussées a abandonné son

système de perfection absolue, et elle est revenue à des idées tout-à-fait raisonnables pour les pentes et rampes, les courbes, les passages, les travaux d'arts, etc.; enfin elle s'est montrée infiniment plus facile qu'autrefois pour toutes les conditions de tracé et de construction qui peuvent concilier l'économie avec une bonne exécution (1).

7° On a étendu à 99 ans le terme des concessions.

8° On a relevé les tarifs et annulé les clauses de révision.

9° Enfin, on a demandé et obtenu des chambres une nouvelle loi d'expropriation avec la mise en possession provisoire en cas d'urgence, loi qui, si elle n'abrège pas autant les délais qu'on aurait pu le désirer, est néanmoins d'un effet moral excellent.

Voilà ce qui a été fait dans cette période de deux années. Ce qui reste à faire et ce qui, si j'en juge par la disposition générale des esprits, est bien près de passer dans nos lois et de compléter ainsi le système de travaux publics que, depuis sept ans, je n'ai cessé de recommander à l'attention publique, consisterait à :

1° Adopter un *tarif maximum* uniforme assez élevé pour répondre à tous les besoins (Voir page 65).

2° Revenir au système de la perpétuité des concessions, le seul juste et raisonnable, surtout avec la cause prévoyante du rachat (Voir page 97).

3° Prendre des dispositions législatives qui, tout en conservant aux industries métallurgiques, la juste protection qui leur

(1) L'administration des ponts-et-chaussées a donné un avis favorable pour une rampe de 008 sur une longueur de 6000 mètres, à la sortie d'Etampes, tandis qu'en 1838 elle refusait impitoyablement, à la rive gauche, une pente de 004 1,8. On sait du reste qu'en Angleterre le chemin de Glocester à Birmingham a une rampe de 26 millimètres sur 4 kilomètres qu'on franchit facilement avec le secours d'une machine de renfort et qu'on descend sans autre secours que celui des freins.

est due, assure néanmoins l'industrie des chemins de fer, non moins importante ni moins précieuse, contre la pénurie et le haut prix des fers nécessaires à leur établissement et à leur exploitation. (Voir page 115).

4° Dégrever les compagnies des chemins de fer des charges fiscales exagérées et de toute nature, qui pèsent sur elles d'un poids énorme, tandis qu'on accorde des faveurs de toutes sortes à des industries bien moins nécessaires au pays.

5° Enfin, introduire dans nos lois pénales des dispositions nouvelles, pour protéger les compagnies contre les infractions du public aux réglements ; réglements formulés tout à la fois dans l'intérêt des compagnies et dans celui de l'ordre et de la sécurité publique.

Moyennant ces améliorations, qui sont annoncées devoir être faites cette session même, la France n'aura plus rien à envier à la législation des chemins de fer d'aucune autre nation, et rien ne s'opposera plus à un prochain et beau développement de l'esprit d'association appliqué à la grande, belle et féconde industrie des voies de communication.

NOTE N° 7.

§ 2.

Des concessions à perpétuité et des motifs d'introduire, de nouveau, ce principe dans notre législation:

(Extrait de l'Appendice au meilleur système 1859.)

Nous avons toujours soutenu le principe de la perpétuité des concessions, et si la compagnie des chemins de fer du nord avait fini par consentir à en limiter la durée à quatre-vingt-dix-neuf ans, ce n'est pas qu'elle eût varié dans son opinion : nullement; cette opinion est restée entière, malgré les idées contraires qui ont momentanément prévalu au sein du gouvernement et des chambres. La compagnie n'avait fait cette concession qu'en retour de l'appui qu'elle demandait à l'État d'une garantie d'un revenu de quatre pour cent.

Comme, d'une part, cette garantie peut entraîner le Trésor dans des déboursés; que, d'autre part, elle est d'un puissant secours pour la compagnie, on conçoit, à la rigueur, que l'État puisse vouloir y mettre un prix, et que ce prix soit la prise de possession, après un certain laps de temps convenu, des travaux exécutés; mais, lorsqu'une entreprise a lieu aux frais, risques et périls d'une compagnie, que l'État n'y participe en aucune manière, sauf cependant les avantages généraux qu'il en retire, la prise de possession, après un certain délai, bien que convenue, est une véritable confiscation, un acte diamétralement opposé à tout esprit d'encouragement des travaux publics; en un mot, un acte de vandalisme indigne de l'époque de civilisation où nous vivons.

— 98 —

Il n'y a que l'esprit de monopole de l'administration des ponts-et-chaussées qui ait pu mettre momentanément en honneur, dans le gouvernement et les chambres, une idée aussi fausse ; elle marche de pair avec celle de l'abaissement indéfini des tarifs, et toutes deux allaient directement au même but : l'anéantissement de l'esprit d'association et le monopole gouvernemental des travaux publics.

Au reste, cette idée de limiter de plus en plus les concessions, idée que nous avons constamment combattue, est, en France, de trop fraîche date pour nous inspirer de grandes craintes. — Reçue avec faveur et sans trop de réflexion, parce qu'en l'adoptant on croyait servir les intérêts de l'Etat, on reconnaîtra bientôt, (nous l'espérons du moins), si l'on ne l'a déjà reconnu, qu'on était dupe d'une erreur intéressée, et l'on reviendra à la vérité qui finit toujours par triompher.

Non, il n'y a aucune raison solide pour justifier les limites imposées aux concessions. — Vainement dirait-on que la viabilité gratuite étant le système de la France, il faut y ramener tôt ou tard la circulation sur toutes les voies ; car, outre que cette raison n'est pas applicable à des entreprises de chemins de fer qui ne pourront jamais être livrés gratuitement au public, par toutes sortes de motifs qu'il serait trop long d'expliquer ici, mais que chacun comprend (1), il en serait autrement que ce ne serait pas un motif pour justifier la confiscation déguisée de ces propriétés ; le droit de rachat expressément stipulé à des conditions prévues d'avance, répond tout à fait à l'objection du cas, mille fois improbable, où il serait d'un intérêt public bien entendu de supprimer les péages et de livrer gratis la libre circulation sur les chemins de fer.

(1) Nous avons expliqué ailleurs pourquoi les chemins de fer ne pourront jamais entrer dans notre système de viabilité gratuite, système, au reste, sur la valeur duquel nous nous sommes permis d'élever des doutes que nous croyons fondés.

Cette clause de rachat répond aussi parfaitement à cet autre aphorisme contre la perpétuité : *qu'il ne faut jamais engager l'avenir.*

Il ne faut jamais engager l'avenir !

Et pourquoi nous effraierions-nous de choses qui ont si bien réussi en Angleterre, en Amérique, et même chez nous où il existe aussi des concessions perpétuelles, même sans cette clause de rachat qui est de droit commun, et à laquelle nous n'attachons quelque importance que parce qu'elle dissipe, comme par enchantement, tous les fantômes que les partisants de l'exécution par le gouvernement avaient évoqués contre les compagnies ? Et savez-vous si, sans la perpétuité de la concession, ces ouvrages eussent été exécutés?.... Le pays qui en jouit, en eût probablement été privé, et tout cela pour éviter un mal qui n'existe pas ; car quel inconvénient résulte-t-il de cette perpétuité qui vous inspire aujourd'hui tant de frayeur?

Vainement dirait-on encore : Pourquoi négliger une occasion d'enrichir l'Etat de ces créations? S'il convient de maintenir les droits, eh bien ! l'Etat, devenu propriétaire, les percevra pour le trésor.

Mais ne voyez-vous pas que c'est tuer la poule aux œufs d'or ; et que si ces entreprises sont si désirables, si fructueuses à tous, au trésor le premier, c'est à les multiplier le plus possible qu'il faut s'appliquer..... que c'est de cette manière-là, surtout, qu'on enrichira l'Etat. D'ailleurs, fût-il vrai que l'Etat pût s'enrichir par des confiscations, il faudrait s'en abstenir et dire : La mesure qu'on propose peut être utile, mais elle est injuste, rejetons-là.

En effet, si l'on conçoit jusqu'à un certain point une combinaison semblable à celle d'une concession temporaire pour une entreprise d'une facile appréciation, dont les revenus, comparés aux dépenses, assurent aux entrepreneurs, pendant le délai de la concession, le remboursement en capital et inté-

réts de leurs avances, et de plus de bons dividendes pour prix
de leur peine, on ne le conçoit plus, lorsqu'il s'agit d'entreprises colossales dont les revenus sont incertains et dont les
moyens d'exécution sont si difficiles à réunir.

Comment justifier la saisie d'un chemin de fer, par exemple,
qui, durant toute la concession, n'aurait donné à ses posses-
seurs qu'un modique intérêt de deux à trois pour cent? —
Indépendamment de la perte considérable qu'ils auraient faite
sur le revenu de leurs capitaux (encore bien que ce modique
produit soit le prix d'un travail et d'une industrie incessants),
l'État qui, lui, au moyen de la satisfaction donnée aux intérêts
généraux, aurait beaucoup profité de cet établissement, viendrait, aux termes de la loi, s'emparer inhumainement de leur
propriété et les constituer en perte de la totalité de leur capital, après la privation d'un intérêt suffisant pendant la
durée de la concession ! Et si, les dernières années de la jouissance, le chemin était quelque peu dégradé, le fisc viendrait
saisir ses derniers et misérables produits, afin de le mettre en
parfait état et de le recevoir comme neuf !

Cela semble bien dur, bien extraordinaire ; cependant lisez
les cahiers des charges, les choses sont ainsi arrangées (1).

On a beau dire : Le sacrifice a été consenti ; il n'en est pas
moins injuste et impolitique : injuste, parce que le consentement n'a pas été entièrement volontaire et libre ; impolitique

____

(1) Nous savons cependant à quoi se réduit, en définitive, la valeur actuelle
d'un sacrifice ou d'une perte qu'on ne doit faire que dans un siècle. A nos
yeux il importe donc peu à l'*intérêt présent* des compagnies que les concessions
leur soient octroyées à perpétuité, ou pour un moins long espace de temps,
tel que quatre-vingt-dix-neuf ans. Mais si l'on envisage la question sous le
point de vue de l'équité, des principes, des encouragements à donner, enfin des
prévisions de l'avenir, elle reprend toute son importance, et c'est sous ces
différents point de vue seulement que nous avons voulu l'envisager.

parce que c'est une entrave au développement des entreprises utiles, et que ce qui est politique avant tout, c'est non-seulement de ne pas imposer des entraves aux entreprises d'utilité publique, mais de leur accorder des encouragements et les encouragements les plus larges et les plus libéraux.

Or, rien ne ressemble moins à cela que la confiscation à l'expiration d'un certain délai, délai pour la fixation duquel on n'a même aucune base. Y a-t-il, nous le demandons, rien de pitoyable comme le débat qui s'engage entre les ministres et les compagnies sur un chiffre dont la fixation ne repose sur aucune donnée? Pourquoi quatre-vingt-dix-neuf ans aux uns, quatre-vingts ans aux autres, ici soixante-dix ans, là cinquante ans, etc.? Pourquoi, pour le chemin d'Orléans par exemple, le gouvernement a-t-il proposé d'abord l'adjudication sur quatre-vingt-dix-neuf ans de jouissance, tandis que, l'année suivante, la compagnie concessionnaire a dû se réduire à soixante-dix ans, après avoir vu les négociations au moment de se rompre parce que le ministère exigeait un nouveau rabais de dix ans?

Voilà pourtant où conduit l'absence d'un principe bien arrêté, et comment les ministres perdent leur temps à des négociations sans dignité, qui les font descendre de leurs hautes fonctions au rôle de marchands. Quelle différence si l'on avait décidé, une fois pour toutes, que les concessions de travaux publics sont de droit perpétuelles; qu'il n'y a d'exception à cette règle que lorsque l'État participe aux charges de l'entreprise (qu'alors la concession est limitée à quatre-vingt-dix-neuf ans), ou bien lorsqu'il s'agit de travaux de peu d'importance, qu'il importe de faire rentrer dans le domaine public (comme des ponts, par exemple) et dont l'adjudication, par soumissions cachetées roule sur le terme de la concession, ce qui évite tous les inconvénients que nous signalions tout-à-l'heure.

Sous un autre point de vue, il est peut-être peu moral d'offrir au public des placements aussi importants à *fonds perdus*;

car, si les revenus ne sont pas suffisants pour servir les annuités nécessaires à la reconstitution du capital, ou si les compagnies ne se sont pas imposé elles-mêmes cette sage loi de pré-
voyance, les actions de chemins de fer ou d'autres entreprises
créées sous la loi de la concession temporaire, ne sont pas
autre chose que des placements à fonds perdus, et les familles
sont infailliblement exposées à perdre un jour un patrimoine
que la loi, immorale en ce point, doit forcément faire périr
entre leurs mains un peu plus tôt ou un peu plus tard (1).

En résumé, et pour en finir sur ce sujet, qu'est-ce que la
concession d'un pont, d'un canal ou d'un chemin de fer? —
L'*autorisation* de faire une chose essentiellement utile au pays.
— Pourquoi cette *autorisation* est-elle nécessaire? — *Uniquement* parce qu'à l'État seul est dévolu le droit d'expropriation
pour cause d'utilité publique (2). — Voilà réduit à sa plus
simple expression ce qu'en France on a considéré jusqu'ici
comme l'octroi d'une immense faveur, tandis que, renversant
les rôles, c'est en réalité le pays qui est l'obligé. On ne le con-
teste pas dans les pays où les travaux, à cause de cela même,
ont pris un immense développement.

Il serait d'un très grand intérêt qu'en France l'opinion publique, ramenée au vrai, envisageât ainsi ces questions, et que
le gouvernement, quand il concède des travaux publics, ne
crût pas donner, lorsqu'en réalité c'est lui qui reçoit.

---

(1) Tous ces inconvénients disparaissent devant la garantie par l'État d'un
minimum de revenu, et c'est une considération nouvelle en faveur de notre
système, qui répond à toutes les exigences et à tous les besoins.

(2) Si une propriété s'étendait au loin, sans être coupée par des routes publiques, des fleuves ou des canaux, enfin sans solution de continuité, qui pourrait empêcher le propriétaire d'y créer un chemin de fer et d'en permettre
l'usage aux public aux conditions qu'il lui plairait de fixer? Personne.

Cela admis (et ce n'est réellement pas contestable quand l'on entre dans le fond de la question), comment concevoir, nous le répétons, qu'à une époque où l'on prétend vouloir accorder à l'esprit d'association, appliqué aux grands travaux publics, tout l'appui et toute la protection qu'il mérite et qui est nécessaire, indispensable à son développement; comment condevoir, disons-nous, que l'on ait consacré dans nos lois un droit de confiscation proscrit à juste titre partout ailleurs, et qu'on l'ait appliqué précisément à l'industrie que l'on dit vouloir le plus encourager?

En vérité, si l'on nous disait qu'il y a dans le monde un pays très civilisé où, au bout d'un certain laps de temps, quatre-vingts ou quatre-vingt-dix-neuf ans, le gouvernement s'empare de toutes les propriétés : maisons, terres, manufactures, usines, etc., nous crierions à la barbarie, à l'oubli des plus simples notions de l'économie politique, à la violation de toutes les lois protectrices de la propriété, cette base fondamentale de toute société, et nous aurions raison.

Eh bien ! nous le demandons, quelle comparaison possible y a-t-il entre la construction d'une maison qui ne profite directement qu'à son propriétaire, ou la fondation d'une manufacture qui ne développe qu'une branche isolée de l'industrie, et ces immenses créations de canaux ou de chemins de fer qui servent à tous; viennent en aide à toutes les industries, enrichissent le trésor public et exercent une si notable influence sur la prospérité générale? Assurément, aucune comparaison n'est possible entre l'utilité relative de ces diverses créations, non-seulement en raison de l'importance des capitaux qu'elles mettent en mouvement, mais, aussi, des services qu'elles rendent à la chose publique.

Eh bien! cependant, on crierait à la violation de tous les droits, à la négation du plus simple bon sens, si l'on voulait limiter la possession des premières, et l'on trouve tout naturel de s'emparer des autres ; et cela par l'unique raison qu'on a contraint le fondateur de ces belles entreprises à en souscrire d'avance l'abandon, quel que soit d'ailleurs le sort que la fortune lui réserve, durant les années de jouissance qui lui ont été accordées comme par grâce.

Et c'est en France que ces choses se passent, et c'est dans le sein des chambres, où siége l'élite de la nation, que de pareilles erreurs ont pu s'accréditer, et à une époque où l'on prétend encourager les travaux publics !...

Mais, l'erreur dans laquelle une administration qui rêvait le monopole des travaux publics, a fait tomber les pouvoirs législatifs, ne sera pas de longue durée ; déjà cette erreur est, en grande partie, dissipée, et le moment approche où cette question sera complètement dégagée des nuages qui l'ont obscurcie pendant quelques années. A ce moment, la concession à perpétuité sera consacrée définitivement, sauf les exceptions dont nous avons parlé.

NOTE N° 8.

RÉDUCTION DE LA DETTE PUBLIQUE.

(Note écrite en 1840 et qui pourra retrouver un jour l'opportunité qui lui manque aujourd'hui.)

Voici un projet de réduction de l'intérêt de la dette publique, rédigé à une époque où cette question était palpitante d'intérêt. Ajournée forcément par des circonstances que chacun connaît, elle ne peut manquer de revenir à l'ordre du jour, un peu plus tôt un plus tard, et, peut-être jugera-t-on alors que ce projet pourrait recevoir une utile application.

Depuis 1824, partisan invariable de cette mesure, je désirerais d'autant plus la voir mettre à exécution que, comme nous l'avons dit, le bénéfice qui en résulterait, pourrait être employé avec un grand avantage à la fondation par l'État d'une caisse de réserve pour les encouragements à accorder aux travaux publics entrepris par l'industrie privée.

Mais il est évident qu'il faudrait avant toutes choses que le crédit public fût assis sur une base solide, sur une situation normale des finances, c'est-à-dire sur un budjet qui ne fût pas en déficit. Cela obtenu, l'opération de la réduction proprement dite se ferait sans troubles ni difficultés aucunes : *il n'y aurait pas une demande de remboursement.* Cela tombe sous le sens : on ne demande pas 100 quand l'on vous offre au minimum 110.

Ainsi les difficultés prétendues de la réduction de la dette publique sont purement chimériques et cette opération de finances éminemment utile, se fera quand on le voudra. En effet.

depuis 1824 qu'elle apparût pour la première fois, cette question s'est considérablement simplifiée. Aujourd'hui la grande majorité est d'avis qu'il faut enfin sortir le crédit de l'état d'immobilité où est tombée la portion la plus considérable de la dette publique; qu'il faut lui r'ouvrir la carrière; soit en rapportant la loi qui prohibe les rachats des effets publics au dessus du pair, soit en convertissant le 5 0 0 en une nouvelle dette constituée à plus bas intérêt.

En d'autres termes, tout le monde reconnaît l'utilité de l'abaissement de l'intérêt, seulement les uns voudraient que cet abaissement continuât de s'opérer au profit des rentiers, les autres qu'il se fît au profit des contribuables.

Cette dernière opinion a toujours été la nôtre, moyennant que, pour satisfaire à toutes les exigences raisonnables, on apporte à l'exécution de la mesure les ménagements que réclament tout à la fois la réussite de l'opération et l'intérêt naturel qu'inspirent les rentiers. Selon nous, il faut profiter des circonstances actuelles ou renoncer définitivement à la réduction de la dette publique, en abrogeant la loi qui défend les rachats au-dessus du pair. Mais nous ne nous préoccuperons pas de cette dernière hypothèse repoussée par l'immense majorité, et sans nous arrêter aux divers modes de conversion proposés, qui, tous, pour être justes et légaux, doivent avoir pour point d'appui l'offre du remboursement au pair, nous allons exposer le mode qui, selon nous, résoudrait le mieux la grande difficulté de r'ouvrir la carrière du crédit aux porteurs de 5 0 0 sans créer un nouveau capital nominal, dont l'on s'effraie sans raison lorsque cette augmentation du capital est combinée avec une réduction d'intérêt, mais qui, pourtant, dans certains esprits, n'en est pas moins une complication qu'il vaut mieux éviter.

Ce n'est pas que nous attachions une grande importance à tel ou tel mode de réduction, pourvu que les résultats soient à

peu près les mêmes; à notre sens, le meilleur système de réduction sera celui qui aura le plus de chances d'être adopté ,
car ce qui importe plus qu'une économie , un peu peu plus ou
un peu moins forte , c'est que l'on sorte enfin de l'état fâcheux
où cette question de réduction jette depuis plusieurs années,
ministères, chambres, rentiers et public.

Le mode que nous proposons, aurait certainement un avantage : ce serait celui de détruire l'opinion fausse , qu'il serait
utile, ou tout au moins indifférent, de réduire la dotation de la
caisse d'amortissement.

Sans entrer dans aucune des considérations générales qui
devraient faire redouter cet amoindrissement de l'amortissement, il nous paraîtrait dangereux et tout-à-fait inopportun dans
le moment actuel ; et un mode de conversion qui aurait pour
résultat certain la conservation intégrale de l'amortissement
pendant une longue période de temps, aurait , par cela seul ,
un mérite évident à nos yeux , et qui devrait, selon nous ,
lui obtenir la préférence.

Or, ce serait le cas de notre combinaison qui assurerait des
bénéfices considérables à l'amortissement sans aucune chance
de perte possible ; qui consacrerait une portion de ce bénéfice
à l'adoucissement du sort des rentiers (en ce qui touche la réduction de l'intérêt), et, en concourant à l'élévation du crédit,
travaillerait à augmenter le capital effectif que les rentiers
convertis pourraient retirer de leurs inscriptions en cas de
vente; et cela sans qu'il en coûte rien aux contribuables.

Enfin, comme dans notre opinion , quelque évident que soit
le droit du remboursement et quelque facile qu'il soit d'en
user et d'obtenir de la mesure de grandes économies, il serait
politique et sage de se prêter autant que possible aux exigences
souvent impérieuses de certaines positions ; que ce serait,
d'ailleurs, le meilleur moyen de vaincre les résistances de tous
genres opposées à cette mesure d'utilité publique, nous vou-

drions qu'il fut loisible à tous les rentiers qui voudraient con-
server l'intégralité de leur intérêt, *d'immobiliser* leur rente à la
charge de consentir à sa conversion forcée, en 4 0/0 au pair, à
la première mutation, pour quelle cause que cette mutation ait
lieu.

L'immobilisation de toutes les rentes maintenues au taux de
5 0/0, et leur conversion forcée en 4 0 0 au pair, quel que
soit le taux de l'intérêt au moment où cette conversion, convenue d'avance, aurait lieu, indemniserait suffisamment l'état
des excédants d'intérêts qu'il serait dans le cas de payer un
certain laps de temps; et si une certaine classe de rentiers,
pour qui la conservation de leur revenu est tout, profitaient de
la faculté qui leur serait accordée, ils ne seraient pas en aussi
grand nombre qu'on le pense; car les avantages et les inconvénients seraient à peu près balancés; seulement ce serait un
moyen peu dispendieux pour le Trésor, de dépouiller la mesure du caractère de dureté qu'on lui reproche, et d'obtenir
le vote de législateurs dont l'opinion négative ne s'appuie que
sur des considérations d'humanité.

Comme nous l'avons dit en commençant, il faut consentir
à tout ce qui peut rendre la mesure plus douce et d'une exécution plus facile, et, rien que sous ce rapport, notre plan nous
semblerait devoir être adopté.

Au reste, nous l'exposons plus loin dans son ensemble, chacun pourra le juger.

Nous espérons qu'on nous pardonnera de mêler notre voix
à toutes celles qui se sont fait entendre sur cette mesure
de la réduction; mais ces matières nous étant depuis longtemps familières, nous avons cru, encore ici, devoir émettre un
avis qui, s'il ne paraît pas à tous bon comme à nous, et de nature à pouvoir être utilisé, ne nous est au moins inspiré que
par un sentiment de bien public.

Mai 1840.

Projet de conversion des rentes 5 0,0.

Problème à résoudre : Réduire l'intérêt de la dette ; — r'ouvrir la carrière au crédit, et cependant de pas apporter d'augmentation au capital nominal de la dette publique ?

Moyen : Création d'un omnium.

On donnerait en échange du 5 0,0 $\left. \begin{array}{l} 3,5^{\text{mes}} \text{ en } 3\ 0\ 0. \\ 1\ 5^{\text{me}} \text{ en } 4\ 0\ 0. \end{array} \right\}$ au pair.

De cette manière, un porteur de cinq mille francs de rentes 5 0,0 recevrait en échange :

> 3,000 fr., rentes 3 0 0 au capital de   100,000 fr.
>
> 1,000   rentes 4 0 0 au capital de   25,000

Total :   4,000   de rente au capital de 125,000

Il y aurait donc pour lui perte d'un 5me de l'intérêt et bénéfice d'un quart du capital.

Et s'il voulait réaliser en argent à la Bourse, il retirerait aux cours actuels   fr. 84,000 du 3 p. 0 0 à 84.

> 26,000 du 4 p. 0 0 à 104.

Total.   110,000

De sorte que le remboursement s'opérerait ainsi, avec une prime de 10 p. 0,0, due tout entière à l'élévation du crédit public sans qu'il en coûte rien au Trésor.

La position du rentier serait ainsi bien ménagée, puisqu'à la rigueur l'État ne lui doit que le pair ; mais elle pourrait l'être davantage par l'adoption de mesures financières qui auraient pour objet l'élévation et la consolidation du crédit public.

Relativement à l'État, voici quels seraient les magnifiques résultats de l'opération : la dette à convertir supposée s'élever à 120 millions de rentes, au capital de fr. 2 milliards 400 millions. Le ministre des Finances donnerait en échange 72 millions de rentes à 3 p. 0 0 au même capital nominal de 2,400 millions.

Puis, additionnellement :

24 millions de rentes 4 pour 0,0 au pair, soit au capital de 600 millions.

Total 96 millions de rentes, omnium 3 p. 0,0 et 4 p. 0,0. resterait 24 « bénéfice sur l'intérêt.

Total égal 120 millions.

Pour éteindre au pair cette nouvelle création de 24 millions rentes 4 p. 0 0 en 40 ans, il faudrait créer un amortissement d'un p. 0,0 du capital nominal, soit 40 annuités de 6 millions.

Le bénéfice de la réduction serait donc réduit à 18 millions par an, pendant les 40 premières années, et ensuite porté à 48 millions, car le 4 p. 0 0 donné additionnellement, éteint, il ne resterait plus à servir que le 3 p. 0 0 au même capital de 2,400 millions, mais à un intérêt réduit des 2 5me.

Mais ce n'est pas tout. Au lieu de perdre, comme antérieurement, au rachat de sa dette, l'État bénéficierait de toute la différence du prix de rachat à celui de l'émission au pair. Ainsi le rachat du 3 p. 0,0 s'opérant au taux moyen de 85, par exemple, il y aurait pour le Trésor un bénéfice de 15 p. 0 0, soit 360 millions à recueillir successivement, au fur et à mesure des rachats, et si malheureusement le crédit venait à fléchir, le bénéfice de l'amortissement s'augmenterait dans la même proportion. C'est là que se trouverait une innovation très favorable à l'État.

EN RÉSUMÉ.

Bénéfice annuel sur les intérêts, 18 millions, portés à 48 millions après l'expiration des 40 premières années.

Bénéfice en capital sur les rachats de l'amortissement, les rachats opérés sur le prix moyen présumé de 85, 360 millions.

Quel beau fond de réserve à appliquer aux encouragemens de travaux publics, et en particulier aux garanties d'intérêt que le Trésor pourrait accorder à d'utiles entreprises!! . . . . .

. . . .

Moyens d'exécution et adoucissements à la mesure.

1° Le nouveau 4 p. 0.0 serait non réductible pendant 10 ans.

2" La totalité des fonds de l'amortissement serait immédiatement rendue aux effets au-dessous du pair (1).

3" La préférence des nouveaux effets à échanger contre les anciens serait assurée aux rentiers pendant six semaines, c'est-à-dire que ceux qui voudraient leur remboursement et non la conversion auraient à le déclarer durant ce délai.

4° Le ministre pourvoirait, quand et comme il l'entendrait, aux demandes de remboursement qui auraient été faites. (A moins de circonstances fâcheuses qui , en abaissant outre mesure le crédit, ajourneraient nécessairement l'opération , il est évident que personne ne demanderait au Trésor une somme

(1) Il serait fait des emprunts pour subvenir à l'absence des réserves de l'amortissement consacrées jusqu'ici au budget extraordinaire des travaux publics. Peut-être y aurait-il lieu d'examiner l'idée de M. Emile de Girardin d'émissions par le Trésor de bons de chemins de fer. Ce serait un moyen de se procurer des fonds à bon compte pour l'établissement des chemins de fer, tout en satisfaisant à un besoin public : celui d'une monnaie en billets portant intérêt ; la combinaison indiquée de bons de 100 fr. au taux de 5 fr. 63 c. pour 0,0, soit d'un centime par jour, me paraît bonne et digne d'examen. La difficulté, qui n'est sans doute pas insurmontable, serait de donner cours à ces bons comme à du numéraire, sans les rendre exigibles à toute heure. Peut-être obvierait-on à tout en les faisant admettre comme argent dans les caisses de l'État, et en les rendant exigibles au plus tard trois mois après la demande du remboursement.

Une fois le principe admis, il y aurait lieu de rechercher les meilleurs moyens d'application , et l'on ferait certainement une chose utile en accréditant en France cette dette flottante d'une nouvelle espèce. Elle répondrait à des besoins de circulation qui ne sont qu'incomplètement remplis par les établissements de crédit existants, et fournirait d'abondantes ressources aux travaux publics en leur versant une foule de petites sommes encore enfouies dans les tirelires du peuple, malgré l'action puissante des caisses d'épargnes.

inférieure à celle qu'il pourrait trouver à la Bourse dans l'échange proposé. Ceci explique combien, dans l'état actuel du crédit l'opération, serait d'une exécution facile.

Si l'on voulait faciliter l'opération plus encore que nous ne l'avons dit, on pourrait ajouter, à titre de prime d'encouragement, une annuité de 1/2 p. 0/0 par an et pendant cinq ans (ou plus si l'on le jugeait à propos), qui serait remise à chaque rentier converti, de manière à lui assurer un intérêt de 4 1/2 p. 0/0 pendant tout ce délai.

(Les annuités seraient payées par la caisse d'amortissement sur les bénéfices qu'elle ferait en rachetant au cours le 3 p. 0/0 émis au pair.)

6° Enfin, tous les porteurs qui voudraient immobiliser leur rente 5 p. 0/0, à la charge d'une conversion forcée en 4 p. 0/0 au pair à la première mutation (pour quelle cause que ce soit qu'elle ait lieu) en auraient le droit, pendant le délai qui serait déterminé par la loi à intervenir.

De cette manière, chacun se déciderait selon ses convenances particulières, et cependant la conversion s'opérerait au plus grand avantage du trésor.

NOTE N° 9.

Sur les négociations pour un traité de commerce avec la Belgique et sur la diminution graduelle des droits protecteurs, notamment en ce qui concerne les rails, etc.

Les négociations engagées entre la France et la Belgique pour arriver à un traité de commerce réciproquement utile aux deux États, alarment de nombreux et puissants intérêts et soulèvent par là même beaucoup et de grandes difficultés.

Mais ces difficultés, ces alarmes ne sont pas une raison suffisante pour rester éternellement lié au *statu quo*. A la veille et à cause des grands travaux de chemins de fer qui se préparent, il serait surtout très intéressant d'arriver à une solution pratique.

Les questions de dégrévement des fers, des fontes, des houilles et des machines sont celles qui exciteront les plus vives résistances de la part de nos producteurs. Cependant, s'ils étaient sages, s'ils comprenaient bien leurs véritables intérêts, ils ne feraient pas une opposition absolue, mais une opposition raisonnée à des projets de dégrévement.

Ils reconnaîtraient qu'ils profiteront, eux plus que personne, des nouvelles voies à créer; que la masse énorme des fers que ces voies nouvelles nécessiteront (1) sont tout à fait en dehors des prévisions et conséquemment de la protection qui leur avait été promise; qu'ainsi, à la rigueur, on pourrait, sans qu'ils eussent le droit de se plaindre, accorder à cette spécialité une entière franchise de droit, comme on l'a fait en plusieurs pays, notamment en Amérique; qu'en supposant que

(1) 4 à 500 mille tonnes.

l'État renonce à donner un aussi grand encouragement aux entrepreneurs des chemins de fer, il est impossible qu'il ne prenne pas des mesures pour éviter, par suite de l'importance des besoins, le manque des fers ou un exhaussement exagéré des prix : que c'est d'autant plus impérieux dans l'intérêt des usines elles-mêmes, qu'un pareil fait soulèverait infailliblement des réclamations unanimes, et qu'il pourrait en résulter quelque chose de pire qu'un dégrévement : une suppression complète des droits.

Qu'il est impossible enfin de ne pas reconnaître qu'une protection aussi exagérée que celle accordée actuellement à l'industrie métallurgique, ne peut pas se soutenir indéfiniment, et que nous sommes arrivés à l'époque critique d'une transaction ou d'une révolution dans la fixation des droits protecteurs.

Or, une transaction sur des bases analogues à celles que nous avions proposées d'un tarif régulateur, établissant un certain prix à l'usine pendant un certain nombre d'années, et, plus tard, un autre prix encore plus bas pendant une autre période, jusqu'à ce qu'enfin on soit arrivé à un état normal ; une pareille transaction me paraîtrait une mesure d'autant plus équitable et conciliatrice, qu'elle mettrait à l'abri le consommateur, non seulement de la crainte du renchérissement, mais encore de celle du maintien trop prolongé des prix actuels ; d'un autre côté, il est évident que l'amélioration des voies de communication d'une part, les progrès de la fabrication de l'autre, enfin et surtout l'augmentation considérable de la production amèneraient une baisse notable dans les prix de revient, ce qui permettrait à nos maîtres de forges de soutenir bravement la concurrence, et de fournir à la consommation tout ce que leurs hauts-fourneaux peuvent produire.

Mais il n'est pas moins évident que les établissements français ne pourraient pas suffire à tous les besoins, et ce fait une fois avéré il serait par trop ridicule de prétendre que les chemins de fer dûssent être retardés de cinq ou six années peut-être , uniquement pour attendre que les forges françaises aient eu le temps de produire les rails nécessaires.

Evidemment, daus l'hypothèse de l'adoption des grands projets de loi annoncés, une mesure sagement modificatrice des droits d'entrée sur les fers destinés aux nouvelles voies, est in-dispensable , et nous recommandons à l'attention de l'administration les idées que nous avons émises à ce sujet dans le *Meilleur système* tome Ier, pages 124 à 135.

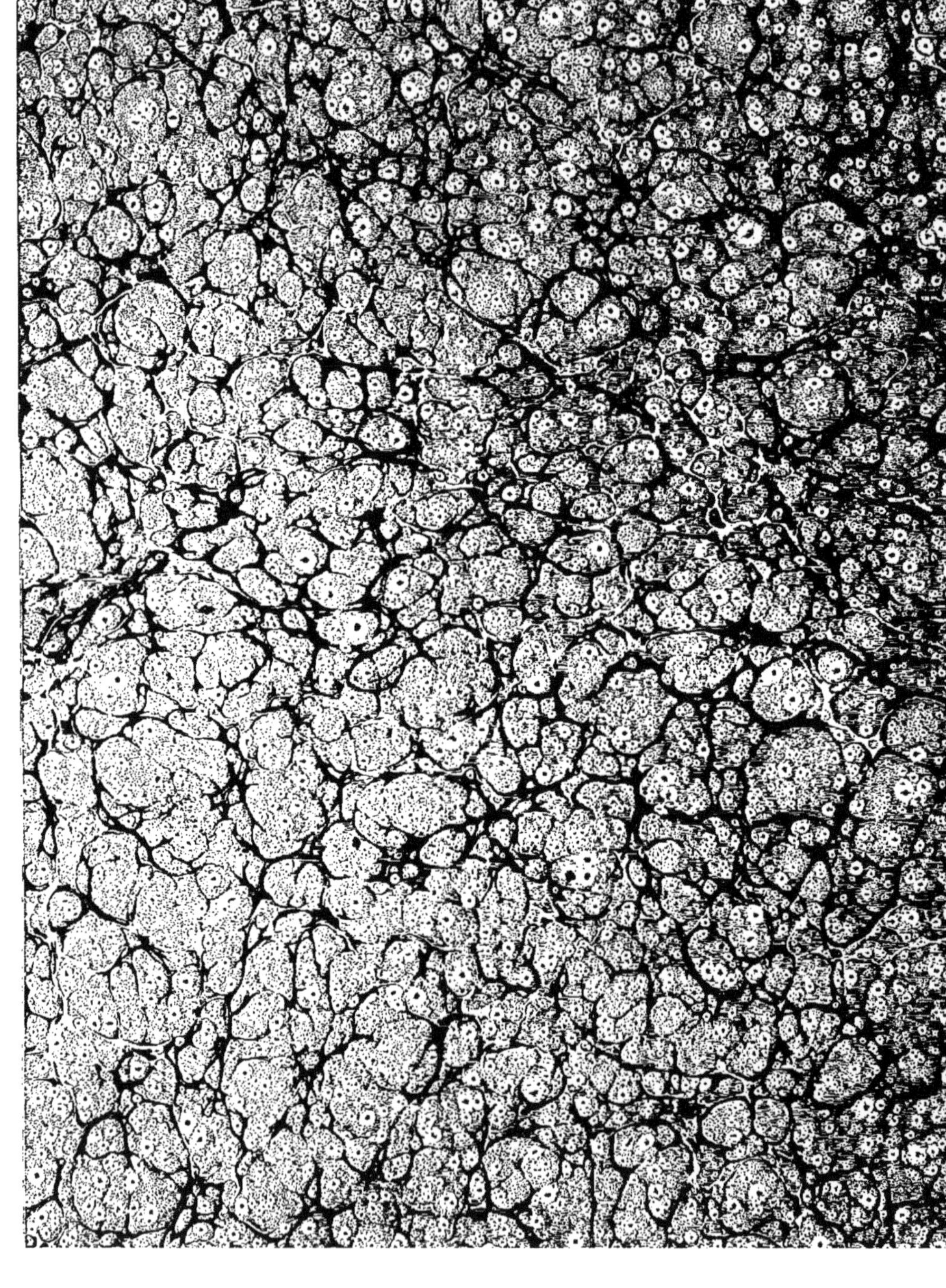

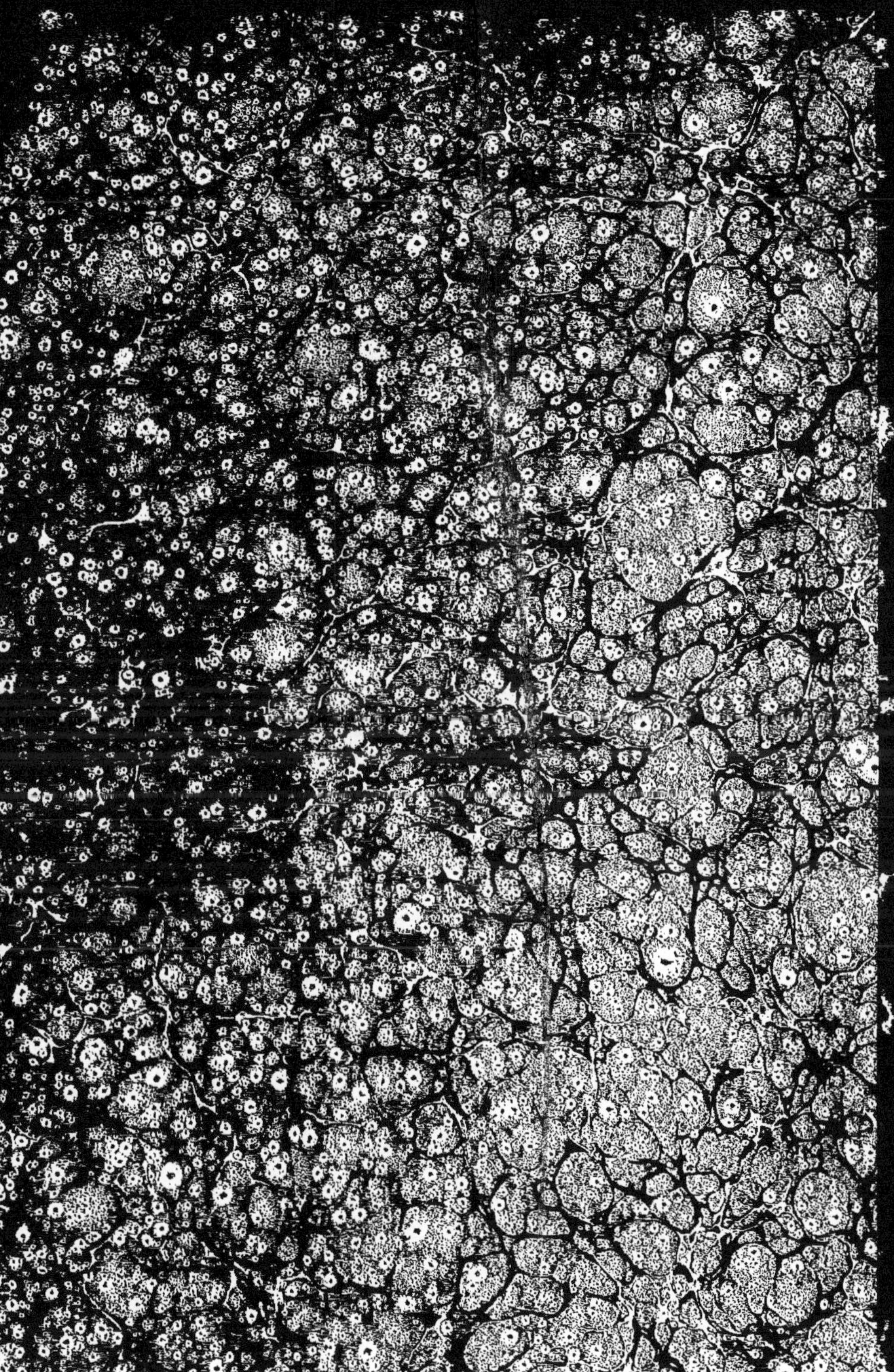

www.ingramcontent.com/pod-product-compliance
Ingram Content Group UK Ltd.
Pitfield, Milton Keynes, MK11 3LW, UK
UKHW022235120726
13694UKWH00002B/841